建筑的想象

建筑环境的技术与诗意

〔英〕迪恩·霍克斯（Dean Hawkes）著

刘文豹

周雷雷 译

北京大学出版社

PEKING UNIVERSITY PRESS

著作权合同登记号　图字：01-2016-7498

图书在版编目（CIP）数据

建筑的想象：建筑环境的技术与诗意 /（英）迪恩·霍克斯著；刘文豹，周雷雷译 .—北京：北京大学出版社，2020.10
ISBN 978-7-301-31619-1

Ⅰ. ①建… Ⅱ. ①迪… ②刘… ③周… Ⅲ. ①建筑设计—环境设计—研究
Ⅳ. ①TU-856

中国版本图书馆CIP数据核字（2020）第178496号

The Environmental Imagination: Technics and Poetics of the Architectural Environment First Edition by Dean Hawkes
ISBN: 978-0415-36087-6

书　　　名	建筑的想象：建筑环境的技术与诗意
	JIANZHU DE XIANGXIANG: JIANZHU HUANJING DE JISHU YU SHIYI
著作责任者	〔英〕迪恩·霍克斯（Dean Hawkes） 著　刘文豹　周雷雷　译
责任编辑	赵　阳
标准书号	ISBN 978-7-301-31619-1
出版发行	北京大学出版社
地　　　址	北京市海淀区成府路205号 100871
网　　　址	http://www.pup.cn　　新浪微博：@北京大学出版社
电子信箱	pkuwsz@126.com
电　　　话	邮购部 010-62752015　发行部 010-62750672　编辑部 010-62707742
印　刷　者	北京宏伟双华印刷有限公司
经　销　者	新华书店
	720毫米×1020毫米　16开本　19.25印张　300千字
	2020年10月第1版　2020年10月第1次印刷
定　　　价	108.00元

目 录

译者前言

工业文明给我们带来飞速的发展，然而它也如同潘多拉的魔盒一样引发了一系列负面问题，例如区域生态灾难与全球能源危机等。在对工业化进行反思并且提倡可持续发展的今天，"环境"一词脱颖而出，逐渐成为当代社会热议的焦点之一。

在建筑学语境下，"环境"与城市、建筑、室内、景观、心理等领域有着千丝万缕的联系，因而它的重要性日益凸显。"环境"一词可以通俗地解释为：人类生存的空间，以及其中可以直接或间接影响人类生活与发展的各种自然因素。整体上，它可以分为"自然环境"与"人工环境"。"自然环境"是环绕于人类生存场所周围的环境，而"人工环境"则是为了满足人类需求而不断被改造的那一部分环境。人类经历了远古时代被动地依赖自然，到逐步利用自然环境，再到现当代更为主动地创造"人工环境"。尤其是在当下，随着科技进步与生产力的显著提升，人们对环境的调控达到了前所未有的广度和深度。

就建筑环境而言，人们以现代的方式对室内条件——声、光、热、通风等——进行调控，其实只有两百多年的历史。在18世纪末期，实用性科学及其相关技术获得了显著飞跃；从此人们对建筑室内环境的舒适性日益重视，与之相关的理论也应运而生，它们为建筑环境的创新奠定了基础。然而，真正将建筑环境纳入专业批评还是

20 世纪中期之后的事情。英国现代建筑史学家和批评家雷纳·班纳姆（Reyner Banham）是这一视野的开拓者。他在 1969 年出版了权威性著作《环境调控的建筑学》。该书首次明确地将物理环境问题置于建筑理论和实践的突出位置，他的"环境调控"观点启发了后续长久而且深入的研究。不仅如此，班纳姆的建筑环境视野突破了传统上以风格或者是形式演变为主导的建筑史学研究方法，也超越了基于结构和材料的技术史学观。

这种崭新的建筑环境视野，对于当代中国的建筑创作乃至建筑评论来说无疑具有启示性。它引起了敏锐的建筑学者们的关注，尤其是在最近几年围绕"环境调控"的学术活动备受瞩目。2013 年 9 月，南京大学鲁安东教授与同济大学王骏阳教授作为学术召集人举办了一场题为《环境的建构》（Environmental Architectonics）的学术研讨会。[1]研讨主题基于鲁安东及其团队对民国时期江浙地区的蚕种场建筑遗址的研究。该研究将蚕种场建筑视为环境调控的典型案例，并且为我们展现了环境设计如何作为建构之元素，与建筑的空间、结构以及形式相结合。2013 年 11 月，窦平平、鲁安东将研究成果《环境的建构——江浙地区蚕种场建筑调研报告》发表于《建筑学报》。之后，清华大学宋晔皓教授在《世界建筑》上刊载《技术与设计——关注环境的设计模式》[2]一文。宋晔皓通过发掘技术与设计相结合的建筑案例，阐述了两种环境设计模式：环境排斥型设计和环境选择型设计，并指出环境选择型设计是关注环境的建筑师应该采用的模式。同一时期，王骏阳以建筑史学研究为出发点，阐述环境调控这一视角的建筑学意义。其观点见之于《现代建筑史学语境下的长泾

---

[1]2013 年 9 月 14 日，第三届南京大学 – 剑桥大学建筑与城市研究中心《建筑思想论坛》于江苏省江阴市长泾镇举办。活动主题是《环境的建构》，鲁安东与王骏阳为学术召集人。
[2]宋晔皓. 技术与设计——关注环境的设计模式 [J]. 世界建筑，2015(07).

蚕种场及对当代建筑学的启示》以及《对建筑技术史教学和研究的一点思考》等文章。2017年，东南大学史永高副教授以建构学为基础，提出了"建构学与环境调控相结合"的观点，并阐明其现实意义。[3] 鲁安东则在《环境视野下的技术变迁》[4] 一文中提出，技术与环境可能是20世纪建筑学最重要的关键词之一，在20世纪中期"环境"逐渐从生活的具体情境转变为一种可量化的客观边界条件。此外，东南大学的建筑学研究者将"环境调控"的讨论扩展到了其他的乡土工业建筑类型，例如"中国霍夫曼窑"[5]。

上面这一系列讨论已经彻底脱离了传统意义上工程学对建筑环境的研究范式。建筑环境工程学倾向于用一种指标性的、技术性的手段来提升建筑物理环境的品质，例如：声、光、热、通风等方面。而当下的研究则指出了建筑创作的一个新方向，即环境设计不再仅仅是工程师们精细计算的结果，它将成为建筑师创新的重要领域。在环境及其相关设施与建筑之关系日益紧密的今天，这一指向具有突出的现实意义，因为建筑师的设计工作将"主动"地回应环境。然而，建筑师运用现代技术对环境进行主动设计，这种自觉摸索是萌发自工业化的初期还是其深度发展之后才出现的？现代化的环境设施，例如采暖、通风、空调和照明等设备，大大提高了室内环境的舒适性，然而设计者又是如何创造性地使其与建筑融合为一体？建筑环境要素如何能像结构、形式以及材料一样成为建筑创作的基本手段？以及建筑环境如何超越纯粹的工程技术，从而获得潜在的诗意品质？对于以上这些问题，我们

---

[3] 史永高.面向环境调控的建构学及复合建造的轻型建筑之于本议题的典型性[J].建筑学报，2017(02)；史永高.身体与建构视角下的工具与环境调控[J].新建筑，2017(05).

[4] 鲁安东.环境视野下的技术变迁[J].建筑学报，2017(07):1.

[5] 杨一鸣，程俊杰，庞月婷，曾兰淳，邱丰，李海清.中国霍夫曼窑环境调控技术地区差异之检讨[J].城市建筑，2016(34)；李海清，于长江，钱坤，张嘉新.易建性：作为环境调控与建造模式之间的必要张力——一个关于中国霍夫曼窑之建筑学价值的案例研究[J].建筑学报，2017(07).

或许可以从本书中找到答案。

《建筑的想象：建筑环境的技术与诗意》一书犹如一幅缓缓展开的长卷，为我们揭示出现当代建筑当中"环境"是如何在实现舒适性的同时也获得了表现力。图书由十篇评论性的文章构成，它们以时间为序，从 19 世纪初期开始到 20 世纪末结束。作者娓娓道来，引领我们回顾了现代建筑环境大致的发展历程。尤其是他对代表性的现代建筑作品所做的精辟解析，揭示出建筑大师们对环境精妙的想象力与高超的创造力，启迪我们以崭新的视角去解读。在书中，作者旁征博引、深入浅出，前前后后大约论及 80 多个建筑案例，涉及多样的建筑类型，有艺术博物馆、图书馆、市政厅、办公楼、研究实验楼、教堂、住宅、浴场等等。这十篇文章也采用了不同的论述方式：有的以类比的方式，展现不同地域的建筑师对环境问题之关注和回应；有的聚焦于特定气候条件下的地域，揭示建筑大师与众不同的敏感性；有的是以卓越的建筑师本人为线索，剖析其建筑创作中一贯的环境策略；有的则侧重于某一类型的建筑，将不同建筑师的创作进行对比研究；还有的是对某个典型案例进行深入解析，以阐述精妙的环境设计所带来的丰富感官体验。尽管作者提到，仍有许多优秀的建筑师以及作品在书中未曾提及，然而该书已经充分展现建筑环境创作的丰富性和多样性。

本书是英国建筑师、建筑理论家迪恩·霍克斯（Dean Hawkes）教授十余年教学与研究的结晶。受雷纳·班纳姆的启发，他对建筑环境问题产生了浓厚的兴趣，并且逐渐认识到"建筑内部环境之本质是建筑项目的核心"。从 20 世纪 90 年代开始，霍克斯尝试将建筑环境设计的理论与实践联系起来，并力求将历史的纬度引入该领域。在书中，迪恩·霍克斯以环境设计的视角重新解读那些耳熟能详的建筑杰作。他深入建筑师的创作实践过程当中，揭示他们独特的想象力，以及借助现代化手段营造环境氛围的能力。

迪恩·霍克斯教授曾犀利地指出，现代环境技术——无论其发挥了多么重要的作用——仅仅凭借它们是无法触及建筑核心问题的。通过一系列的案例分析他阐明，建筑中重要的环境议题来自于富有创造性的想象，使得环境技术服务于诗意的建筑。霍克斯在图书序言当中提到，肯尼思·弗兰姆普敦（Kenneth Frampton）开创性地提出了建构文化的概念以及建构之意义；尤其是弗兰姆普敦鲜明的观点"一切建筑的全部建构潜能都源于其表达能力，无论是诗意还是对其本质的认知方面"，给予自己以启迪。迪恩·霍克斯意识到发展一种有关"建筑环境"相类似之理论的可能性。而本书正是这一愿景结出的果实，霍克斯完成了从建构诗学向环境诗学的拓展。他将"建筑环境"类比于"建构"，因而得以探索"建筑环境"设计中技术与诗意之间的联系。通过详尽的论述他证明了，定量分析和机械化能够与一种对建筑环境本质的诗意解读和谐共存，从而他将建筑环境传统上的工程学视角引向一种与人的经验相关的感性维度。"技术"是客观或量化的，而"诗意"则是主观或定性的；迪恩·霍克斯向我们揭示出"诗意"蕴藏在建筑环境的潜力与表现力当中。

这种视野对于当下的建筑创作具有鲜明的意义。今天我们一直在强调经济社会的可持续发展，由此建筑亦被寄予了越来越高的要求，例如：绿色、节能、低碳、环保……这些诉求一方面推动了建筑环境功效的日益提升，另一方面也导致建筑环境技术化的倾向。实际上，我们已经无法回避以工程学和计量的方式来提升建筑环境并且对它做出评判，然而这似乎又与建筑之"原本"渐行渐远。《建筑的想象》一书为我们打开了一个崭新的景象，它将建筑环境重新纳入建筑师创作的核心领域。正如建筑的形式、结构、材料等要素一样，我们可以充分发掘并且巧妙地利用环境的各种要素，使其在满足实用性功能的同时亦营造出艺术化的氛围。对于每一位建筑师来说，建筑环境创作蕴含着巨大的潜能，它等待着我们去发掘。

刘文豹、周雷雷

2018 年 6 月 30 日

前　言

　　十年前，我编辑了一本文集《环境传统：建筑环境研究》[1]。在文集里我尝试将建筑环境设计中的理论与实践联系起来。我也试着为这个领域引入一种历史的视角。另一个目标，而且事后看来也许是最重要的，是要表明建筑室内环境的性质正是建筑项目的核心。

　　本书试图更深入地探讨建筑师们在为自己的建筑构想其环境(the environment)、气氛（the atmosphere）、氛围（the ambience）之时的思考。在大多数情况下，这涉及空间、形式、材料等建筑元素以及用来供暖、通风和照明的机械系统，并在这两者之间建立起某种联系。这些共同构成了建筑环境的工艺（technics），然而单独的工艺、技术（techniques）或者是科技（technologies），无论它们的角色有多么重要，都无法触及建筑的核心。正如我希望这些文章能在一定程度上所表明的，在建筑中重要的环境主张都是基于创想活动，其中工艺被用来服务于最终的诗意。

　　虽然这本书遵循着一种大致的时间顺序，跨越 19 世纪和 20 世纪，但它并不想做一个有关这一时期环境设计的连贯的历史记事。其方法是去考察专门选定的建筑师的作品，鉴别并且探讨各式各样的主题。书中对其所讨论的主要建筑进行了描述、分析和解读，它们以深入的探访和观察为基础，辅以文献和档案研究。而环境本质——我正尝试着去表达的——必须是直接的体验，它不能仅凭

---

[1] Hawkes Dean, *The Environmental Tradition: Studies in the Architecture of Environment*, E & E.N. Spon, London, 1996.

图像和文字描述就可以完全辨认出来。对于这一类研究的目的，其唯一可靠的观察工具是人的感官。因而，我花费了不少时间考察一些建筑杰作。它们包括：由史蒂文·霍尔（Steven Holl）、西格德·莱韦伦茨（Sigurd Lewerentz）、阿尔瓦罗·西扎（Alvaro Siza）和彼得·卒姆托（Peter Zumthor）设计的教堂建筑；由卡鲁索—圣约翰（Caruso St John）、卡洛·斯卡帕（Carlo Scarpa）、斯维勒·费恩（Sverre Fehn）、路易斯·康（Louis Kahn）、拉斐尔·莫内欧（Rafael Moneo）、阿尔瓦罗·西扎和彼得·卒姆托设计的艺术博物馆；埃里克·贡纳尔·阿斯普朗德（Asplund）设计的哥德堡法院（Gothenburg Law Courts）和阿尔瓦·阿尔托（Aalto）设计的珊纳特赛罗（Säynätsalo）市政厅，以及卒姆托设计的瓦尔斯温泉浴场（Therme Vals）。可想而知，这是最随性的研究，但我希望在任何时候，它都是有的放矢。

　　许多其他建筑师的作品或许也有助于证明我的论点。例如，我意识到自己在关于 19 世纪的论述当中没有涉及森佩尔（Semper）、申克尔（Schinkel）和霍塔（Horta）。而在 20 世纪，夏隆（Scharoun）和特拉尼（Terragni）可以被视为建筑环境的重要诗人，更不用说巴拉甘（Barragan）和伍重（Utzon）；我也清楚地意识到（这里）缺少了赖特（Wright），然后还有安藤忠雄。我还承认，这里所提及的英国建筑师非常少。或许在将来，以上这些建筑师以及其他一些将会得到应有的重视。

致 谢

我想要感谢许多帮助支持这个项目的人。首先，感谢利华休姆信托基金（the Leverhulme Trust）授予的 2002—2003 年度荣誉研究奖金。这笔奖金资助我对欧洲和美国进行了一系列的建筑考察访问，并为书中许多建筑的新图纸制作所需之费用提供了实质性的帮助。非常感谢彼得·卡罗琳（Peter Carolin）和马尔科姆·希格斯（Malcolm Higgs），他们对我提交的利华休姆信托基金申请给予了支持。本书中的图纸是由西蒙·布兰登（Simon Blunden）精心准备的，他还出色地进行了鉴别。

有许多人不遗余力地帮助我申请进入建筑和档案馆。我要特别感谢于韦斯屈莱（Jyväskylä）阿尔瓦·阿尔托档案馆的卡特琳娜·帕克科玛（Katyina Pakkomaa）及其同事们；还有帕特里夏·卡明斯·劳德（Patricia Cummings Loud），他同意我考察沃斯堡金贝尔艺术博物馆，而且后来审读了并且帮我改进了我的关于路易斯·康的文章。还要感谢伦敦约翰·索恩爵士（Sir John Soane）博物馆的玛格丽特·理查森（Margaret Richardson），关于索恩的话题我们进行了长时间的、富有洞察力的交谈。我与塞尔吉奥·洛斯（Sergio Los）的长期友谊，多年来启发我形成了自己对建筑环境的思考。我们多次一同去参观并且讨论卡洛·斯卡帕在威尼托的建筑。在与本书有特定联系的事情中，我非常享受塞尔吉奥与娜塔莎·普利策（Natasha Pulitzer）在维琴察的盛情款待，塞尔吉奥对我的关于斯卡帕的文章的批评意见令我获益匪浅。还要感谢剑桥大学的玛丽·安·斯蒂恩（Mary Ann Steane）与我的交流，感谢她为本书的一些文章提供了非常好的意见。我也感谢多年来卡迪夫大学威尔士建筑学院和剑桥大学建筑与艺术史学院图书馆员的帮助，他们分别是西尔维亚·哈里斯（Silvia Harris）和马迪·布朗（Maddy Brown）。

多年来，我有幸一直能够与许多优秀的学生一起工作，他们的研究直接或者间接地为本书中的文章做出了贡献。在这些人中，托德·维尔默特（Todd Willmert）占据着重要的位置。他对约翰·索恩爵士所做的杰出研究——当他在剑桥大学读研究生时，便开始了该项研究——为我对索恩的探讨奠定了基础；而他最近的研究——关于勒·柯布西耶（Le Corbusier）的壁炉——启发了我将柯布西耶与密斯进行比较。其他一些学生的研究对本书也有直接的帮助，他们是奈杰尔·克拉多克（Nigel Craddock）关于索恩的研究，以及吴恩融（Edward Ng）对索恩和麦金托什（Mackintosh）的见解。我也想对艾玛·托古德（Emma Toogood）表示一下感谢，她对玛丽亚别墅（Villa Mairea）之日照进行的图示分析为我的经验观察提供了精确验证。我还要感谢在卡迪夫、剑桥以及其他高校帮助我形成想法的许多同事和学生们。

2003—2004 年，我在哈德斯菲尔德大学担任建筑系客座教授时开设了一系列的讲座。本书中文章的原始素材正是构成这一系列讲座的基础。非常感谢系主任理查德·费洛斯（Richard Fellows）邀请我以该身份进入这所学校，感谢他愿意让那里的老师和学生们接触到我成型的思考。我还必须一如既往地感谢泰勒—弗朗西斯出版公司（Taylor & Francis）的卡罗琳·马林德（Caroline Mallinder），因为她的耐心与机智，本书得以面世。

四十多年来，我一直享受着妻子克里斯汀对我的宽容、关心与爱护。我将这本书献给她。

迪恩·霍克斯，剑桥，2007 年 2 月

引言

> 我只是希望第一个真正有价值的科学发现将是，认识到不可计量（unmeasurable）正是他们真正要努力去理解的，而且认识到可计量（measurable）仅仅是服务于不可计量的。人类所做的一切，必须在本质上是不可计量的。[1]

之所以用路易斯·康的这一段文字作为引子，是因为在我看来，它提出了一个根本性的问题，即关于科学与其同伴——技术——的本性和效用，以及它们的联系对于建筑的重要性。本书的目的就是探索科学方法与技术设备两者之间的关联，它们已经被用来确立建筑的环境特性。为了建立一种广泛的语境以便于讨论，我首先简要地回顾一下那些可能被称为"建筑科学"的事物是如何出现的。

我论述的起点是在文艺复兴时期，具体而言是安德烈亚·帕拉第奥（Andrea Palladio，1508—1580年）以及他的英国同辈罗伯特·史迈森（Robert Smythson，1537？—1614年）的建筑作品。卡普拉别墅（Villa Capra，1550—1551年），也被称作圆厅别墅（La Rotonda），位于维琴察附近（图0.1），可以称得上是帕拉第奥最著名的别墅建筑。[2] 它可能代表着文艺复兴建筑理想在整合形

---

[1] Louis I. Kahn, "Silence and Light", lecture given at ETH, Zurich, 1969, in Heinz Ronner and Sharad Jhaveri, *Louis I. Kahn: Complete Works*, Birkhäuser, Basel, 1987.

[2]《圆顶别墅》一书对卡普拉别墅有全面的论述，参见 *La Rotunda*, in the series Novum Corpus Palladianum, Centro Internazionale di Studi di Architettura "Andrea Palladio" di Vicenza, Electa, Milan, 1988。

图 0.1
安德烈亚·帕拉第奥设
计，卡普拉别墅，维琴
察，1565—1566 年

式、比例与象征方面的成就。但它也被认为是一座实用的住宅，建筑中这些经过精确计算的相同形式和比例原则，成为威尼托的气候变化与家庭生活所需的舒适条件之间的媒介。在《建筑四书》（*Four Books*）[3]中，帕拉第奥解释了这一原则，他规定窗户的大小应与它们所在的房间尺寸相关联：

> 在做窗户的时候要注意，与必需的要求相比，它们不应该让进入的光线过多或者过少，或者在窗户数量上更少或者更多。我们应该非常重视那些通过窗户采光的房间的大小；因为显而易见，一间大房间比一间小房间需要更多的光线使其明亮。如果窗户做得比需要的小或者少，居室将会晦暗；如果做得太大，它们将难以居住，因为窗户会让过多的冷、热空气进入，以至于那个地方将随一年四季

---

［3］Andrea Palladio, *I Quattro libri dell'architettura*, Venice, 1570; English translation, Isaac Ware, *The Four Books of Andrea Palladio's Architecture*, London, 1738; reprinted as *Andrea Palladio: The Four Books of Architecture*, Introduction by A. K. Placzek, Dover, New York, 1965.

图 0.2
罗伯特·史迈森设
计，哈德威克庄园，
1590—1597 年

的变化而变得超热或者极冷，如果它们所面对的那部分天
空没有以某种方式来阻挡的话，就更是如此。

另一座与之相类似的复合性建筑，集象征性与实用性于一体，
或许就是史迈森设计的哈德威克庄园（Hardwick Hall，1590—1597
年）（图 0.2）。在英国伊丽莎白女王时代极为不同的背景下，这里存
在着一种复杂的、有关对称和比例的秩序，它与实和虚、周边和中心
组织关系相融合；在冬季与夏季都实现了一种采光与供暖的平衡，以
满足房屋所需承载的家庭实用功能以及盛大的礼仪活动。[4]

在此需要强调的一点是，这种敏锐的洞察，即这些建筑的文化
与象征性品质以及我们现在所指的"环境"功能之间的关系，是他
们的观念和认识中不可分割的一部分。但是从 18 世纪末开始，随着
实用科学与相关技术的发展以及它们在建筑上的推广应用，这种统
一性被削弱了，因为它被成文的法规与专业化所取代。在 19 世纪，
这一过程伴随着技术进步同时发生并且获得加速发展，以满足工业
生产与城市化之需。

为了体现这一转变本质的一些征兆，我参考一下《格威尔特建
筑百科全书》（Gwilt's Encyclopaedia of Architecture）一书，它于

[4] 参见 Mark Girouard, *Robert Smythson and the Elizabethan Country House*, Yale University Press,
New Haven, CT, 1983. 此书对哈德威克庄园进行了广泛的描述。

1825 年首次出版。[5] 这本巨著——经历了多次修订，一直再版到 20 世纪——采用了文艺复兴时期著作的范式，分为"四书"（Four Books）：

第一卷，建筑历史

第二卷，建筑理论

第三卷，建筑实践

第四卷，房产估价

除了风格样式的分类——第一卷的主要内容——之外，第二卷"建筑理论"实际上是一本包含以下章节的技术性手册：

数学与工程力学

建筑材料

材料使用或者实用建筑——这里包括有关通风与采暖的

章节

表达媒介——一本制图手册

在"建筑采暖"这一节中包含了实用性的指导，即如何计算一个房间与其供暖系统之间的关系：

每 6 英尺的玻璃需要 1 英尺的供热面，每 120 英尺的墙壁、屋顶和天花板也同样如此，公寓中每分钟的通风量相当于每 6 立方英尺的空气排出量。

这提供了一种量化的指导，因此中央供暖设计在其早期的发展中

[5] Joseph Gwilt, *An Encyclopaedia of Architecture: Historical, Theoretical and Practical*, Longman, Brown, Green and Longmans, London, 1825. 此书基于威廉·钱伯（William Chamber）在 1759 年的《民用建筑论》（*Treatise on Civil Architecture*），之后是 1867 年的修订版，由怀特·帕普沃思（Wyatt Papworth）进行修订并有大量增补。此书在 1836 年、1876 年和 1888 年有进一步的修订，进入 20 世纪仍在印刷。

被置于一种精确定量的基础之上。正是从这些开始，建筑科学企业迅速地发展起来。

进入 20 世纪，在最初的几十年间里出现了关键性的建筑作品，它确立了环境舒适理论的基础。这里的目标是将环境条件的物理描述——关于建筑内的热、光和声音——与人的需求之间建立起联系。[6] 在许多情况下，这一工作将继续为当今的环境设计实践提供依据。

随着技术对于形式和语言之关系的根本性转变，所有这一切都与现代建筑运动的出现同时发生。以勒·柯布西耶对"新建筑五点"（Cinq points d'une architecture nouvelle）[7]所做的分析为代表，他通过将组合体中的要素独立化并且相互分离，提出了功能差异性的表达。结构与外围部分不再是采用那种独立且复合的墙体元素，尺寸合宜的窗洞贯穿于其中，即帕拉第奥所采用的方法，而是以一种不同的方法，即史迈森的方式——将框架与围护结构要素各自分离。在这一新概念中，用于供暖、制冷、通风与照明的机械化系统，其潜能很快便获得认可，因此建筑语言与建筑环境的性质也都发生了转变。

对于像帕拉第奥和史迈森这样的建筑师来说，建筑的环境功能被文艺复兴时期哲学与知性的统一体所覆盖。到了 20 世纪，它已经变成一个专业化和量化的问题。历史学家们对房屋（或建筑）科学企业的关注相对较少。但是，据称其对建筑潜能之扩展发挥了关键作用，以满足日益精确且复杂的建筑需求；于此期间，首先经历了工业化，然后是后工业化，而现在是数字时代。从务实的角度来说，这可能会被认为是一种成功。现在我们可以这样设计房屋，即通过计算的方式布置房屋结构与机械设备，以实现一种定量化与精确性的特殊环境。但这种成功，似乎总要付出一个高昂的代价。

---

[6] 建筑科学家，例如：贝德福德（Bedford）、杜夫顿（Dufton）、加格（Gagge）、霍夫顿（Houghten）、米塞纳德（Missenard）、弗农（Vernon）和雅格卢（Yaglou）在热场领域，哈特里奇（Hartridge）、赫克特（Hecht）、勒恺什（Luckeish）和沃尔什（Walsh）在照明领域，以及萨宾（Sabine）、沃森（Watson）、努特生（Knudsen）、霍普·巴格纳尔（Hope Bagenal）和伍德（Wood）在声学领域，全都在世界大战期间展开了基础性的研究工作。

[7] Le Corbusier, Les Cinq points d'une architecture nouvelle, in Œuvre complète, Volume 1, 1910–1929, Editions Girsberger, Zurich, 1929.

我的关注点紧紧围绕对于量化的强调，以此作为环境设计的主要目标，这恰恰涉及路易斯·康所表达的可度量与不可度量之冲突。在本书中，我着意发掘、阐述在过去的两个世纪中杰出建筑师们所采用的环境策略。我希望它将证明，定量分析和机械化能够与一种对建筑环境本质的诗意性解读和谐共存。

一般认为，建筑是为大自然存在的气候环境提供庇护，当然也有充足的理由这么认为。从最早的时候开始，人类就一直在想方设法建造围护体来提供保护，以抵抗极端的热、冷、风和雨。建筑民族学的研究已经表明，不同地点的物质资源是如何有效地运用于这一目的；它们同样清楚地表明，这些构筑物在迅速的转化过程中获得了意义，超越了其纯粹的实用性。[8] 现代的房屋依然庇护其居住者及其行为活动以躲避恶劣的天气，但这是以多样化以及高要求为目标，并通过一系列技术手段实现的。这些技术手段内容广泛而且在不断地发展。

1969 年，雷纳·班纳姆在著作中写道：

> 机械化设备……几乎完全被排除在历史的讨论之外……然而，显而易见有可能会出现……建筑史将会涵盖用于创造宜居环境的整个技术化的艺术，事实依然如此，从建筑史的著作中可以看到……还几乎完全是关于居住建筑体的外在形式——以围合它们的结构体展现出来。[9]

在其开创性的著作当中，班纳姆为 19 世纪和 20 世纪建筑史学当中房屋采暖、通风、制冷与照明的机械系统确立了意义。这

---

[8] 参见 Bernard Rudofsky, *Architecture without Architects: A Short Introduction to Non-pedigreed Architecture*, Doubleday, New York, 1964, and Amos Rapoport, *House Form and Culture*, Prentice-Hall, Englewood Cliffs, NJ, 1969。

[9] Reyner Banham, *The Architecture of the Welltempered Environment*, The Architectural Press, London, 1969.

一论点为既定的叙事增添了一项环境纬度，以柯林斯（Collins）、吉迪翁（Giedion）、佩夫斯纳（Pevsner）和理查兹（Richards）等学者为代表。[10] 于其中，19 世纪的建筑技术创新被证明是为 20 世纪的新建筑奠定了基础。为此，班纳姆暂且补充说明了采暖、通风与照明方面的发展史，工业革命通过它致使建筑中有可能出现新的技术与风格。这对学术有重大的贡献，并影响了过去 30 年的重要工作。

班纳姆将其工作描述为"一种尝试性的开始"。他感觉到，有关建筑环境技术的理论和实践几乎肯定是一座巨大的、未被发掘的素材库。受其著作所启发，后续的研究证明了这种直觉的准确性。包括布鲁格曼（Bruegmann）、奥利（Olley）和维尔默特[11] 等人在内的学者已经揭示，整个 19 世纪机械服务设备应用于种类及风格多样的建筑物中，其使用程度非常广泛。他们的研究也揭示，这些系统设计的一些理论基础，正如它体现于众多的论述当中——探讨管道尺寸的细节与概述，以及管网系统的布局。[12] 值得注意的是，这些学者已经表明，机械系统早在 18 世纪的最后几十年就被开发出来并广泛地投入使用，而且被诸如罗伯特·亚当（Robert Adam）和约翰·索恩爵士如此显赫的建筑师们所采用。

---

[10] 关于 19 世纪结构与建筑技术的发展对于 20 世纪新建筑的影响，参见 Peter Collins, *Changing Ideals in Modern Architecture*, Faber & Faber, London, 1965; Sigfried Giedion, *Space, Time and Architecture*, Harvard University Press, Cambridge, MA, 1st edn, 1941, 4th edn, 1962; Nikolaus Pevsner, *Pioneers of Modern Design*, Penguin Press, Harmondsworth, 1960, first published as *Pioneers of the Modern Movement*, Faber & Faber, London, 1936; J. M. Richards, *An Introduction to Modern Architecture*, Penguin Press, Harmondsworth, rev. edn, 1961。

[11] 关于机械化设备开拓性应用的重要研究，参见 Robert Bruegmann, "Central Heating and Forced Ventilation: Origins and Effects on Architectural Design", *Journal of the Society of Architectural Historians*, XXXVII, 1978, pp. 143–160; John Olley, "The Reform Club", in Dan Cruickshank (ed.), *Timeless Architecture*, The Architectural Press, London, 1985; John Olley, "St George's Hall, Liverpool", Parts 1 and 2, *The Architects' Journal*, 18 and 25 June 1986; Todd Willmert, "Heating Methods and Their Impact on Soane's Work: Lincoln's Inn Field and Dulwich Picture Gallery", *Journal of the Society of Architectural Historians*, LII, 1993, pp. 26–58。

[12] 这些论述的实例，包括 Thomas Tredgold, *Principles of Warming and Ventilating*, London, 1824; Marquis J. B. M. F. Chabannes, *On Conducting Air by Forced Ventilation, and Regulating Temperature in Dwellings*, London, 1818; D. B. Reid, Illustrations of the Theory and Practice of Ventilation, London, 1844: W. Bernan, *On the History and Art of Warming and Ventilating, Rooms and Buildings, etc.*, London 1845。

术语反思

这些年来，班纳姆的著作的贴切标题——《环境调控的建筑学》（*The Architecture of the Well-tempered Environment*）——表达并且界定了学术研究与实践的整个领域。"环境设计"现在成为课程、教科书以及专业实践的普遍基础。人们对其意义和内容也达成了共识。

"环境"（environment）的通用定义是"一个人、动物或植物生存或者经营的周围场所抑或是条件"[13]。按照《钱伯斯词典》（*Chambers Dictionary*）的解释，作为名词的"环境"就其一般意义上的使用，第一次是出现在19世纪初卡莱尔（Carlyle）的著作当中。[14]作为形容词的"环境"出现于1887年，而"环境主义"（environmentalism）这一概念于1923年首次被采用。那些更为特定的意义，例如环境问题的生态意识，来自于20世纪70年代初，随着所谓"环境运动"的出现而开始。

班纳姆在1969年使用了"环境"一词，几乎可以肯定这是在建筑论著中首次出现。现在它已被广泛运用，表明其见解的适用性以及相关性。但是，无论从历史、理论还是实践的角度看，环境设计都被班纳姆和他的大多数追随者们从根本上视为技术问题。

班纳姆的一个主要观点涉及分类，他将环境管理分为三种"模式"："保护"（Conservative）、"选择"（Selective）与"再生"（Regenerative）。这些分类源于历史分析与实证观察。例如："保护"模式，它是"欧洲文化根深蒂固的准则"，其名称是为了纪念约瑟夫·帕克斯顿爵士（Sir Joseph Paxton）在查茨沃思（Chatsworth）设计的"保护墙"（Conservative Wall）；而"选择"模式则可以接受实践，"常见于潮湿或热带气候条件下……其采用的建筑不仅能够维护理想的环境条件，而且也能接纳理想的外界条件"；"再生"模式，

[13] *New Oxford Dictionary of English*, Oxford University Press, Oxford, 1998.
[14] *Chambers Dictionary of Etymology*, Chambers Harrap Publishers, Edinburgh, 1998.

就是那种"外加的能量"（applied power），即机械化的耗能系统——用于采暖、通风、制冷以及建筑照明。

尽管这些定义有效地描述了建筑环境管理之范围，但它们主要关注的是仪器化的东西。它们对建筑功能的定义，几乎完全是以技术化的术语作为环境或者气候的修饰语。其目的是在建筑物内确立一种定义，并制定一套有关热、光与声音的条件，它们一并构成了关于舒适的理念。环境管理策略的发展与温度、通风、照明、噪音水平等这些数值规范化的过程是并行的，在现代实践中，它使得建筑物内部的环境几乎完全成为一种计算问题，并可以通过机械工程来实现。

然而，有一种建筑经验的重要维度却是这种方法无法表达的。光线、空气和声音与建筑空间形式以及材料的相互作用，正是建筑想象的本质。我们在建筑中所享受的复杂的感官体验，对于建筑环境理念来说——来自实用的以及机械化的气候调节和舒适性操控这一过程——意味着处在一个完全不同的层面。

或许这种区别是以技术与诗意的术语来表达，只要这些区别介于：一方面，客观或量化；另一方面，主观或定性。这并非建议让这些类别相互排斥，而是指出，建筑环境不仅仅是一种务实化的对策与技术实现的问题，尽管它可能很有用。为了进一步探索，或许，考虑其他可能性的术语将会有效。

在意大利语中，与英语 environment（环境）相对应的词是 ambiente（环境）。它与法语 ambiance（环境、氛围）的根源相同，英文翻译为 atmosphere（气氛）；而英语使用 ambiance（或 ambience）——它的定义是"一个场所的个性和气氛"（《牛津英语词典》）——以及 atmosphere，以其非科学性的感知，是指"一个地方弥漫的基调或情绪"（《牛津英语词典》）。在法语中，与 environment 对应的词是 milieu（媒介）或 environnement（环境）。

用个性、气氛、基调、情绪以及媒介这些术语，似乎更容易捕捉到建筑的诗意品质。事实上，约翰·索恩爵士在伦敦皇家学院的演讲中，运用了是否具有"个性"来区分一位"令人满意的建筑工人"的劳动与一名建筑师的创作，"缺少了它，建筑将变得仅仅是一种单纯的日常工作，仅仅是一种纯粹的机器艺术"。[15] 正如我们将看到的，索恩在建筑环境史上有着重要的地位。

上面这些问题是否很重要？话题由此产生。作为"环境主义者"的索恩，有效地将他以及他的作品与建筑环境设计的现代性话题联系了起来。但他致力于"个性"而非"环境"，显示出其意图与当今环境主义许多务实的以及技术化的基础截然不同。同样的特质也出现在 19 世纪和 20 世纪许多其他建筑师的作品当中。例如，亨利·拉布鲁斯特（Henri Labrouste）与查尔斯·雷尼·麦金托什（Charles Rennie Mackintosh），两者将诗意的感知与 19 世纪的环境技术融合起来，在其建筑中创造出独特且富有表现力的特征。我们也可以将这一观点应用于 20 世纪许多主要建筑巨匠的作品上。勒·柯布西耶、密斯·凡·德·罗（Mies Van der Rohe）、阿尔瓦·阿尔托、埃里克·贡纳尔·阿斯普朗德、西格德·莱韦伦茨、路易斯·康以及卡洛·斯卡帕，所有这些建筑师都能够证明，在其设计的有关环境特征的建筑概念与实体当中，他们都在寻求相当独特的品质。当代建筑师也同样如此。斯维勒·费恩、彼得·卒姆托、拉斐尔·莫内欧、阿尔瓦罗·西扎、卡鲁索—圣约翰以及史蒂文·霍尔，近年来都对环境探索持续充满活力做出了重要的贡献。

建筑的想象

我们仔细地观察约翰·索恩爵士位于林肯广场的住宅或者是他

---

[15] David Watkin (ed.), *Sir John Soane: The Royal Academy Lectures*, Cambridge University Press, Cambridge, 2000. 如果要想了解关于该讲座更广泛的介绍与讨论，可参见 David Watkin, *Sir John Soane: Enlightenment Thought and the Royal Academy Lectures*, Cambridge University Press, Cambridge, 1996。

的达利奇美术馆（Dulwich Picture Gallery），只是为了提示该论点之本质。这些作品显示出一种有关空间、材质与光线的诗歌，意义深远；这些也都是通过开创性地运用18世纪末发展起来的新技术之潜能实现的，这些新技术包括照明、供暖与通风。在法国，亨利·拉布鲁斯特在设计圣日内维耶图书馆以及法国国家图书馆的阅览室时，将先进的结构、服务性技术与一种诗意的环境视野汇集于一体。然后，在19世纪的最后几年里，查尔斯·雷尼·麦金托什在他的格拉斯哥建筑当中实现了一种与众不同但同样丰富的综合。他欣然采用后维多利亚时代的建筑技术以及克莱德河（the River Clyde）造船厂的工业技术，以实现他复杂的而且是原创性的愿景。

现代运动导致了新的建筑理念与形态（configurations），尤其是在其环境性质与潜能方面。勒·柯布西耶所呼吁的"仅仅一座住宅，适用于所有地区"以及密斯·凡·德·罗的柏林玻璃摩天大楼方案设计，都是现代主义环境冒险精神之象征。但是除了象征性之外，这两位建筑师的作品体现出它们在新型环境的理念与实践方面采用了截然不同的方法。

而在其他地区，我们有可能确认"另一种环境传统"的存在。埃里克·贡纳尔·阿斯普朗德的斯德哥尔摩图书馆阅览室以及哥德堡法院的中央大厅，其明亮的空间就是一个感性的例证，这深深地根植于建筑师对长期生活于其中的北欧气候与文化的回应。这种感性也可以从阿尔瓦·阿尔托的作品当中找到。他设计的一系列建筑，从维堡图书馆（Viipuri Library）到珊纳特赛罗市政厅都表明，阿尔托对北欧环境有着深刻理解。

相比之下，卡洛·斯卡帕的作品不断深入地探讨了威尼托（Veneto）的环境和材料之性质与历史。位于波萨尼奥的卡诺瓦雕塑博物馆（the Gipsoteca Canoviana at Possagno）的建筑室内阳光明媚，即生动地展示了这一点；而他在古堡博物馆（Castelvecchio）以及奎里尼·斯坦帕利亚基金会博物馆（Querini Stampalia）中采取的举措也是如此。在一种非常不同的背景下，维罗纳的意大利大众银行（Banca Popolare in Verona）表明，办公楼（其实）可以超越大多数传统设计对于机械化的理解。

我们再返回到北欧，西格德·莱韦伦茨带来了一种独特的敏感性，以表达他对北纬地区的回应。他成功地发掘出黑暗的表现力以及人类视觉对其适应的能力——正如它最终在比约克哈根（örkhagen）的圣马可教堂（the churches of St Mark's）和克利潘的圣彼得教堂（St Peter's at Klippan）中获得实现——是其建筑想象中最引人注目的创造之一。

最后，在20世纪这一连串的建筑环境代表者当中我们必须提及路易斯·康，他的建筑——它们以"被服务"和"服务"进行区分——一次又一次地提升了公共建筑服务的环境品质。

另一种与之相当的——或许也是不同的——环境敏感性，可以从当代许多著名建筑师的作品当中观察到。斯维勒·费恩设计的哈马尔大主教博物馆（Archbishopric Museum at Hamar）以及彼得·卒姆托的库尔古罗马遗址庇护所（shelter for Roman remains at Chur）返回到了建筑作为庇护所这一起源，它们为现代环境开辟了新的可能性。纵观历史，艺术博物馆一直都是以环境为优先的对象物，起初是对艺术作品照明进行追问，接着是出于对艺术品保护与保存（问题）的日益关切。卡鲁索-圣约翰、莫内欧、西扎以及卒姆托的建筑展示出，这些关切是如何启发了创新，并为艺术品营造出崭新的、多样化的环境。近年来，建筑设计中对于神圣环境的探索同样存在着多样性。卒姆托的圣本笃小礼拜堂（St Benedict's chapel）、西扎的圣玛丽亚教堂（Santa Maria church）以及霍尔的圣依纳爵礼拜堂（St Ignatius chapel），其文脉与概念彼此完全不同。尽管如此，他们以形式、空间和材料为媒介塑造成形，为基督教的礼拜活动确立了具有独创性的、恰当的背景——环境、氛围、气氛。

在《体验建筑》(*Experiencing Architecture*)[16]一书中，斯坦·埃勒·拉斯穆森（Steen Eiler Rasmussen）以深刻的洞察力论述了建筑的环境品质。书中关于阳光、色彩与声音的章节，一直是捕捉建筑氛围的最引人注目的篇章之一。而最近，尤哈尼·帕拉斯玛（Juhani Pallasmaa）的著作《肌肤之目》(*The Eyes of the Skin*)[17]，也许是探索人类感官与建筑之间关系的一种最具有说服力的尝试。在该书的结论部分，帕拉斯玛写道：

> 在难忘的建筑经历中，空间、物质和时间融合为一个单一的维度，它穿透意识融入进基本的存在实体。我们以这个空间、这个场所、这一时刻辨认出我们自身，而这些维度成为我们绝对存在的一部分。建筑是将我们自身与这个世界相互调和的艺术，而这种调和是通过感官发生的。

在《建构文化研究》(*Studies in Tectonic Culture*)[18]一书中，肯尼思·弗兰姆普敦（Kenneth Frampton）阐明了建筑学中的空间与建构的区别，而且为重新确立建构的意义——与之相对的是，在20世纪的大部分理论中空间占据着主导地位——提出了有力的论据。在这种情况下，建构代表着它不只是一种建造工具而已，而且它也反对这一主张——即将它本身视为目的。弗兰姆普敦借助于建造性的诗学，其关注点是："一切建筑的全部建构潜能都源于其表达能力，无论是诗意还是对其本质的认知方面。"弗兰姆普敦的论点向建筑环境的历史学家和理论家们表达出一个含蓄的挑战——他们也可以发展一种有关其演变的，相类似的理论。而这本书，在某种程度上，就是一个回应。

---

[16] Steen Eiler Rasmussen, *Experiencing Architecture*, MIT Press, Cambridge, MA, 1959.

[17] Juhani Pallasmaa, *The Eyes of the Skin: Architecture and the Senses*, Academy Editions, London, 1996. Revised edition, Wiley Academy, Chichester, 2005.

[18] Kenneth Frampton (ed.), *Studies in Tectonic Culture: The Poetics of Construction in Nineteenth and Twentieth Century Architecture*, MIT Press, Cambridge, MA, 1995.

第一部分

从启蒙时期到现代

Part 1

第1章

索恩、拉布鲁斯特、麦金托什
——环境设计的先驱者

一场新的运动在工业社会中出现了，自 15 世纪以来它就在逐步发展，几乎不为人们所察觉：1750 年之后工业发展进入一个新的阶段，随之而来的是新的动力源、新的材料与新的社会宗旨。第二次工业革命使得第一次工业革命的生产方法和产品数量倍增、更为世俗化，并且将其传播出去：总的来说，它被导向量化的生活，其成功可以仅凭借乘法表来衡量。

这一段陈述来自刘易斯·芒福德（Lewis Mumford）的《技术与文明》(*Technics and Civilization*)[1]一书，它表达了人们对于 18 世纪中叶到 19 世纪末这一时期的普遍看法。在那些年中，应用科学和技术重塑了人工制品的构思与制造的方式，然而它往往被认为是产品的数量对于品质的胜利。在这篇文章中，我的目标是去考察建筑环境的本质，因为它受到了自 19 世纪就开始采用的新技术的影响。我选择了三位建筑师——约翰·索恩爵士、亨利·拉布鲁斯特以及查尔斯·雷尼·麦金托什——的作品来考察，它们涵盖这一时期的开端、中间与结尾。

贯穿 19 世纪，在建筑施工领域中新材料和新技术——与计算和

---

[1] Lewis Mumford, *Technics and Civilization*, Routledge & Sons, London, 1934.

分析工具相结合——能够让净跨距、封闭空间的尺度越来越大，并允许新的空间形态的提出。这些主题一直都是如下著作深入研究的重点，例如雷纳·班纳姆的《第一机器时代的理论与设计》（*Theory and Design in the First Machine Age*）[2]、彼得·柯林斯的《现代建筑设计思想的演变》（*Changing Ideals in Modern Architecture*）[3]，以及最近肯尼思·弗兰姆普顿的《建构文化研究》。与建构理论发展相并行，在环境技术方面也存在着一条相应的发展路线，尽管历史与批评领域对其关注不多。班纳姆的著作《环境调控的建筑学》（*The Architecture of the Welltempered Environment*）[4]最早涉及该领域，而且至今仍是一部重要的文献。但当涉及 19 世纪的事情时，它仅仅介绍了其中的一部分内容。该书几乎不涉及明星建筑师的作品，除了班纳姆对弗兰克·劳埃德·赖特的拉金大厦和罗比住宅所取得的环境成就进行的深入研究。

在这些年间，其他的研究已经填补了许多空白。例如，罗伯特·布鲁格曼（Robert Bruegmann）就做过一项重要研究，针对 19 世纪建筑设计中集中供暖与通风之发展的总体影响[5]以及"建筑大师"系列研究——最早发表于《建筑师杂志》（*The Architects Journal*）[6]——探讨了一组重要的英国建筑。其中，托德·维尔默特就环境技术与杰出建筑师的作品这两者之间的关系做了最为详尽的研究。他研究了约翰·索恩爵士为自己设计的作品——位于伦敦林肯广场（Lincoln's Inn Fields）的自宅以及达利奇美术馆——所采

[2] Reyner Banham, *Theory and Design in the First Machine Age*, The Architectural Press, London, 1960.

[3] Peter Collins, *Changing Ideals in Modern Architecture*, Faber & Faber, London, 1965.

[4] Reyner Banham, *The Architecture of the Welltempered Environment*, The Architectural Press, London, 1969.

[5] Robert Bruegmann, "Central Heating and Forced Ventilation: Origins and Effects on Architectural Design", *Journal of the Society of Architectural Historians*, Vol. XXXVII, 1978, pp. 143–160.

[6] Dan Cruickshank (ed.), *AJ Masters of Building: Timeless Architecture*, The Architectural Press, London, 1985. 本卷包含以下建筑的研究：爱德华·普赖尔（Edward Prior）设计的圣安德鲁教堂（St Andrew's Church），位于罗克（Roker），作者迪恩·霍克斯；查尔斯·巴里（Charles Barry）设计的改革俱乐部（Reform Club），作者约翰·奥利（John Olley）；沃特豪斯（Waterhouses）设计的自然历史博物馆，作者约翰·奥利和卡罗琳·威尔逊（Caroline Wilson）；索恩的达利奇美术馆研究，作者科林·戴维斯（Colin Davies）；最后是霍尔塔设计的塔塞尔公馆(Hôtel Tassel)，作者埃里克·帕里（Eric Parry）和戴维·德尼（David Dernie）。

用的新式空间供暖方法。[7] 这为建筑环境的概述提供了起点，因为它由启蒙运动演进到了现代性的开端。

约翰·索恩爵士

我们必须承认，在寒冷的气候条件下房间温度适宜而且稳定，对于每一户住宅居民的健康与舒适来说都是非常重要的，无论是仆人的小屋还是君主的宫殿，都是如此。温暖对于生存是如此必要，以至于我们对已经创造出来的各项发明——能够让我们的住宅更好、更经济地采暖——不能不感到惊讶。

建筑师最好去调查并反思一下，画家们所采用的将光线引入他们画室的不同模式。"神秘之光"（lumière mystérieuse）如此成功地为法国艺术家们所采用，它是天才人物手中最有力的媒介，而且能越充分地理解它的感染力就越好，对它再高的评价也不为过。然而，在我们的建筑中它并未受到重视。因为这个明显的原因，我们并未充分理解它在我们建筑当中的重要作用——采光模式为建筑做出了不小的贡献。

约翰·索恩爵士（1753—1837 年）的这些发言，来自于他1810—1820 年间以皇家艺术学院建筑学教授身份发表的系列演讲中的第八讲。[8] 就在这次演讲中，他最为直接地提出了建筑中的环

---

[7] Todd Willmert, "Heating Methods and Their Impact on Soane's Work: Lincoln's Inn Fields and Dulwich Picture Gallery", *Journal of the Society of Architectural Historians*, Vol. LII, 1993, pp. 26–58.

[8] 约翰·索恩爵士皇家学院讲座第八讲，全文转载于一篇广博的论文，参见 David Watkin, *Sir John Soane: Enlightenment Thought and the Royal Academy Lectures*, Cambridge University Press, Cambridge, 1996. 同样内容并附有一篇简介，参见 David Watkin (ed.), *Sir John Soane: The Royal Academy Lectures*, Cambridge University Press, Cambridge, 2000。

境问题。"供暖"（Warming），是一个比我们现在所提及的"加热"（heating）更为恰当的词。作为一个与"健康"和"舒适"相关的要素，它最为贴切。然而尽管采光也具有实用性价值，却被视为创造建筑"个性"的"媒介"。尽管在演讲中，索恩依然将热环境与光环境相互分离，而且似乎将定量——加热——以及定性——照明——进行了区分，但我们可以认为，在建成作品中索恩将所有的环境维度集合成了一个复杂的综合体。

1792 年，索恩首先搬进了伦敦林肯广场北侧公寓楼的一隅。他一直生活在那里，直到 1837 年逝世。这一时期公寓楼第 12 号、13 号与 14 号住宅的改造过程延续了相当长的时间，而且被很好地记录下来。[9]经过一些年之后，索恩着手设计了公寓楼中更多的区域。我们可以看到，其平面布局——尤其是在博物馆和办公室——房间分隔变得越来越少，其相互联系日益紧密（图 1.1）。这一过程也出现在建筑的剖面当中，随着后院逐渐被盖上了房屋，垂直方向上的联系也建立起来，同时办公室和博物馆的膳宿区域开始成型。

维尔默特展示了索恩对采暖创新方法充满兴趣的热切程度。因为它们不仅仅

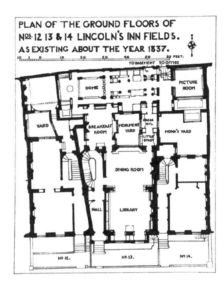

图 1.1
索恩住宅与博物馆，底层平面图，1837 年

---

[9]其标准的出处为，从 1830 年至今所出版的各版本住宅"说明"。最新的是《约翰·索恩爵士博物馆的一份新说明》，2001 年第 10 次修订以及完全插图版。这是基于 1955 年约翰·萨默森爵士所策展期间发行的首版。接下来的 1930 年版本，附上了索恩的原文。索恩住宅博物馆的演变，来自于 Susan G. Feinberg, *Sir John Soane's "Museum": An Analysis of the Architect's House-Museum in Lincoln's Inn Fields, London*, PhD dissertation, The University of Michigan, 1979. University Microfilms International, Ann Arbor, MI. 这些要素可参见 Susan G. Feinberg, "The Genesis of Sir John Soane's Museum Idea: 1801–1810", *Journal of the Society of Architectural Historians*, Vol. XLIII, 1984, pp. 225–237。

体现在索恩皇家学院讲座的文字当中，而且也存在于他个人图书馆的档案里——其中，关于该主题的图书和小册子就有 17 本之多。[10] 然而比这些文献更具权威性的证据是，他切实地将新的供暖系统运用到建筑设计当中。早在蒂林厄姆住宅（Tyringham House）中他就采用了蒸汽加热设备，该住宅竣工于 1797 年。而供热实验在英格兰银行以及许多其他建筑项目中就做过。这种直接的经验——设计、安装并使用这些设备——正如维尔默特所证实的，让索恩能够将它们运用于他自宅的重建当中。

在林肯广场公寓居住的 45 年间，索恩似乎不断地尝试几乎所有可能的供热方式，包括火炉、壁炉以及三种中央供热设备，分别是以蒸汽、暖空气和热水作为热媒。[11] 这些都被应用于住宅楼北侧的公寓——处于未开启窗户的外墙之内，其对面就是磨石公园路（Whetstone Park）的镇屋（the mews，即由马厩改建而成的公寓——译者注）——之中，里面容纳了索恩的专职办公室和博物馆，这里存放着他日益增长的艺术品收藏。相比之下，住宅主体部分的供热安排则较常规，它保留了传统的开放式炉膛，作为其主要的、通常也是唯一的热源。维尔默特在解释中引用了索恩的声明，在他们的住宅当中英国人必须"要有明火，或者再热也不为过"[12]。

索恩花费多年的时间在博物馆中实现了有效地供热。开始的时候，他也走过一些弯路；但最终似乎解决了这一问题，因为在 1832 年工程师 A.M. 帕金斯（A.M.Perkins）发明了一套热水系统设备。这在查尔斯·詹姆斯·理查森（Charles James Richardson）的《建筑供暖与通风通论》（*A Popular Treatise on the Warming and Ventilation of Buildings*）一书中有详尽的描述，该书首次出版于

[10] Todd Willmert, op. cit.

[11] Ibid.

[12] Ibid.

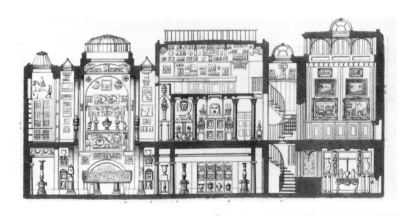

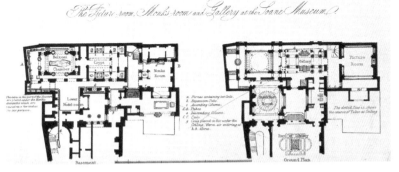

1837 年^[13]（图 1.2）。理查森是一位建筑师，他从 1824 年就开始任职于索恩的事务所，他的书专注于帕金斯系统图解化。关于林肯广场项目，理查森写道："帕金斯先生的系统获得了完美的成功……尤其是当我清楚地回想起，过去在办公室里冷冰冰的凄惨经历。"^[14]他从技术细节上全方位地描述了此设备的适用范围：

> 索恩博物馆采用了 1200 英尺长的管道。它分为双循环，其中一环用来加热展厅以及其下方的两个房间。而另一环则包含最大的循环：办公室首先获得供热，其中布置

[13] Charles James Richardson, *A Popular Treatise on the Warming and Ventilation of Buildings: Showing the Advantage of the Improved System of Heated Water Circulation*, John Weale, Architectural Library, London, 1837. 此书完整地介绍了珀金斯系统的原理与应用，而林肯广场住宅的设备插图被用于该书的卷首。其他例子包括，1837 年在罗伯特·亚当设计的爱丁堡注册办公楼（1774 年）中安装的一台设备。

[14] Ibid.

延长管和加注管；随后管道横穿整个博物馆，接着从早餐室的长天窗下面通过，旨在抵消玻璃的冷效应。然后它穿过地板进入底下一层的房间，在楼梯间形成 100 英尺长的盘管，最后回到锅炉，在此过程中管道两次环绕博物馆的底层部分。这个循环的盘管同样布置在更衣室的地板里，通过地板上以及隔间一侧的洞口，一股暖空气得以进入其上的房间。[15]

几乎可以肯定，这是建筑史上的首个案例：在建筑内部，通过一项先进的技术，令复杂而专业化的空间组织实现了热舒适性。它预言了大约 100 年后弗兰克·劳埃德·赖特将房屋供热与草原式住宅的开放式平面相结合，正如雷纳·班纳姆所述：

> 几乎是第一次，这是一座建筑——其环境技术不是作为一种无奈的补救措施，也并非支配了建筑形式；而是在最终，自然而然地纳入进了建筑师的常规工作方法，并且为建筑设计的自由度做出了贡献。[16]

大家公认，索恩首屈一指的环境意识，是伴随其建筑作品当中光环境的品质而来的。正如戴维·沃特金（David Watkin）所示[17]，勒·加缪·德·梅济耶尔（Le Camus de Mézières）的理念——尤其是与光影效果有关的，即神秘之光——存在于索恩建筑的中心区域。[18] 要实现这些效果，其必不可少的手段有运用顶光、虚假或神秘之光以及反射光。约翰·萨默森（John Summerson）提出，

---

[15] Willmert, op. cit. 此书记载了索恩博物馆的档案中包含一份帕金斯系统设备更为广泛的说明。

[16] Reyner Banham, op. cit.

[17] David Watkin, ops. cit.

[18] Robin Middleton, in his introduction to Le Camus' *The Genius of Architecture; Or the Analogy of That Art with Our Sensations*, trans. David Brett, The Getty Center, Santa Monica, CA, 1992. 也有评论认为："这些主题长期以来一直都是索恩所追求的重点，毫无疑问，勒·卡穆斯将它们发掘了出来。"

顶部照明——索恩在其英格兰银行的设计中将它作为一件必要的事项——"成为一种风格的精髓",体现于其所谓的"如画风格时期"作品当中,即从 1806—1821 年。[19] 此外,索恩坚持运用色彩来改变光效。这是通过两种方式实现的。首先,他使用彩色玻璃直接改变进入建筑的光的色调,以创造不真实的或神秘之光。其次,他对室内墙面上刷的颜色做出了精准的判断,从而得以控制反射光的性质。在发展这些技术时,索恩参考了许多资料,例如:埃德蒙德·伯克(Edmund Burke)的当代哲学,歌德(Goethe)、康德(Kant)和普赖斯(Price)的审美理论以及托马斯·杨(Thomas Young)、戴维·布鲁斯特爵士(Sir David Brewster)和摩西·哈里斯(Moses Harris)的科学著作。他也深受 J.M.W. 透纳(J.M.W.Turner)绘画实验的启发。[20]

在索恩的收藏品中,文物的特性——其尺寸、材质与形式——促使博物馆内部发展出了一种复杂的、相互联系的空间序列。这些几乎完全都是运用顶部采光,即来自一系列不同形式的屋顶天窗,至少有 9 种不同类型的天窗以及一扇高侧窗(clerestorey)。它使得天窗下方的空间及其陈设品(contents)的照明在强度、品质与效果上能够精确地校准。[21] 天空,即使是在阴天,其天顶位置也是最明亮的。这就意味着,天窗——例如索恩博物馆中的那些——将会有强烈的直射光投射进来,它垂直地贯穿又高又窄的中庭(volumes)。这使得空间富有戏剧性,而且光线所照亮的三维物体造型被赋予了最大可能的表现力。而那张众所周知的穹顶剖面图,由乔治·贝利(George

[19] John Summerson, "Soane: the Man and the Style", in *John Soane*, Architectural Monographs, Academy Editions, London, 1983. 在此萨默森将索恩的职业生涯划分为五个时期:"学生时期",1776—1780 年;"早期实践期",1780—1791 年;"中期",1791—1805 / 1806 年;"风景如画时期",1806—1821 年;以及"最后时期",1821—1833 年。

[20] 此处的重要资料,包括 John Gage, *Colour in Turner: Poetry and Truth*, Studio Vista, London, 1969 and Martin Kemp, *The Science of Art: Optical Themes in Western Art from Brunelleschi to Seurat*, Yale University Press, New Haven, CT. 关于哲学、美学理论和科学与索恩建筑照明的具体关系,可参见 Nigel Craddock, "Sir John Soane and the Luminous Environment", MPhil dissertation, Department of Architecture, University of Cambridge, 1995, unpublished。

[21] 林肯广场住宅采光天窗的综合分类可以从尼格尔·克拉多克的论文那里找到。

Bailey）绘制，有效地展现了索恩对建筑空间中光线自然分布的深刻理解（图 1.3）。从秋天到春天，这些天窗都不会有直射阳光进入，因为其南侧的住宅主体遮挡住了它。然而到了夏天，在一天中的大部分时间屋顶都有阳光普照，创造出更富有戏剧性的效果。不管是否存在直射阳光，博物馆的照明都因天窗上使用的彩色玻璃而获得增强：黄色暗示正午的阳光效果；红色，位于天窗西侧，则与透纳的象征主义色彩相一致；而深红色与傍晚有关。[22]

　　早餐室是索恩最引人注目的创作之一。正如我们从理查森对帕金斯供热系统的描述中所见，它是这栋房子中为数不多的、享受中央供暖之便利的家用房间之一（图 1.4）。然而，一如既往，其关注点还是采光。这个紧凑的内部空间由巧妙组合的屋顶小气窗以及两扇长条形的天窗所照亮。小气窗——位于拱形天花板的篷顶——直接置于餐桌的上方；而长条形天窗，安装上了黄色的玻璃，将光线散布于南北两侧刷着黄色涂料的墙面上。这些效果却被侧面光所削弱。侧面光从窗户进入室内，通过窗户人们可以俯瞰纪念碑庭院（the Monument Yard），清晨东方之光正好照亮了早餐。天花板拱顶的四个角上安置上了凸面镜，通过相互反射，让光线变得更加复杂。而且镜子也镶嵌在室内装饰与家具上，这也增添了更多的视觉细节。索恩以如下的语言描述此房间：

> 从该房间向纪念碑庭院和博物馆所看到的景观、天花板的凸镜以及众多的壁镜，并结合这个有限空间中设计与装饰上的丰富轮廓线和总体布置，呈现出一系列的奇幻效果，它构成了建筑之诗意。[23]

---

[22] 克拉多克的研究包括，使用比例模型——安装于一座日影仪上——对博物馆屋顶日照进行详细研究。他还探讨了索恩对彩色玻璃的使用与透纳的色彩象征性之间的联系。

[23] From Soane's original "Description", written in 1835, cited in Arthur T. Bolton's 11th edition of *The Official Handbook of Sir John Soane's Museum*, Oxford University Press, Oxford, 1930.

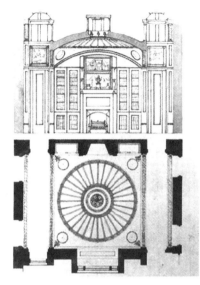

图1.3（左上图）
穹顶，剖面图向东
看，由索恩的首席职
员乔治·贝利绘制于
1810年

图1.4（右上图与下
两图）
早餐室的剖面图与平
面图

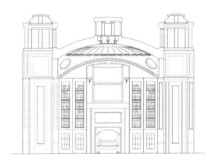

　　林肯广场第13号房屋的主体部分则没有博物馆那么精致。但是，即使在没有顶部采光的情况下，它的照明亦经过深思熟虑。其正立面几乎完全朝南，而主要房间——即位于地面层的图书馆和餐厅——实际上是一个仅由一组悬垂的拱形屏板分隔的空间。南北客厅由宽敞的双开门联系，但其显然是作为独立房间来使用。窗户在连续的两层都有开启，它镶嵌在石砌的凉廊框架中。那是索恩于1812年为房屋所增建的，它们将充沛的阳光带入进室内。图书馆和餐厅的墙面漆上了深色的庞贝红，它吸收了大部分的光。为了抵消其负面效果，大大小小的镜面板再一次对光线品质与强度提供了补充和转化。凉廊最初是开敞的，但在1829年也安装上了玻璃。窗间柱墩的内墙贴上了镜面，推拉百叶窗的内表面也是如此。当百叶窗关闭时，图书馆几乎整个南墙都成为一个连续的镜面。客厅采用明亮的黄色，尤其是在客厅南侧，这使得来自南向的直射阳光看起来色调尤为饱满。在其他地方，镜子也为这些房间带来更多的光辉。

达利奇美术馆在设计意图上与索恩的住宅兼博物馆完全不同。[24]索恩于 1811 年开始该设计，1813 年建筑竣工，因此这两座建筑完全处于同一时期。达利奇美术馆是不列颠群岛首座独立、专用的美术馆[25]，然而与林肯广场项目相比，它如此有力地体现出复杂性和象征性，其设计方法——当然乍一看——近乎是科学的。该建筑的由来很曲折。它需要存放画家皮特·弗朗西斯·布尔乔亚爵士（Sir Peter Francis Bourgeois）遗赠给达利奇学院的 360 幅画作以及一座陵堂。陵堂用来安葬布尔乔亚本人和他的朋友诺尔·德森凡斯（Noel Desenfans）的遗体，以及最终还有德森凡斯的妻子玛格丽特（Margaret）的遗体。除此之外，学院要求该大楼能够重新安置六位接受救济的女性，因为她们现有的宿舍将被拆除，以挪出场地来建造美术馆。

美术馆方案虽然经历过多个阶段，但它以一种最简洁的平面最终获得了异乎寻常的紧凑，同时救济房和陵堂沿着美术馆的体量对称布置。通过将画廊的长轴垂直于学院现有建筑物，尤其是垂直于教堂，索恩为展览空间提供了完美的朝向。美术馆采用灯笼状的天窗，因而其来自东西方向的主要入射光能够直接照射到串联式展厅

---

[24] 关于该建筑的最容易获得的资料，有 G.-Tilman Mellinghof, "Soane's Dulwich Picture Gallery revisited", in *John Soane*, Architectural Monographs, Academy Editions, London, 1983; Colin Davies, 'Dulwich Picture Gallery: Soane', in Dan Cruickshank (ed.), *Timeless Architecture*, op. cit.; Giles Waterfield, *Collection for a King: Old Master Paintings from the Dulwich Picture Gallery; Giles Waterfield, Soane and After: The Architecture of Dulwich Picture Gallery*, Dulwich Picture Gallery, London, 1987; Giles Waterfield (ed.), *Palaces of Art: Art Galleries in Britain 1790–1990*, National Gallery of Art Washington/Los Angeles County Museum of Art, 1985, Dulwich Picture Gallery, London, 1991; Francesco Nevola, *Soane's Favourite Subject: The Story of Dulwich Picture Gallery*, Dulwich Picture Gallery, London, 2000.

[25] G.-Tilman Mellinghof, op. cit. 其为美术馆设计在当代的发展，以及它们与索恩的达利奇美术馆设计的联系提供了一个很好的回顾。

悠长墙壁的上部，并且该天窗阻挡了南向高角度阳光的入射（图1.5）。这再一次揭示出，索恩深刻理解了建筑空间中自然光的物理性状，正如在林肯广场项目中所提到的那样。但在这里其意图似乎是，为墙壁上陈列的绘画提供始终如一且易于掌控的照明。有意思而且令人惊讶的是，该美术馆的照明饱受当时评论家的攻击[26]，然而随后它却被视为众多美术馆设计之原型[27]。在后来的

图1.5
达利奇美术馆室内，水彩，由 J.M. 甘迪绘制。画面中的深色圆柱体是原有供热系统的组成部分

改动中——于 20 世纪初实施——灯笼天窗添加上了更多的玻璃，这也正是今天我们所看到的建筑之状况。

然而与客观透亮的展厅正相反，在陵堂中索恩将庄重之光与神秘之光同时展现了出来（图1.6）。在早期的设计中，陵堂被放置于美术馆的东侧。但是，稍晚些时候，即 1811 年 11 月，学院决定将它置于西侧，甚至在此日期之后，最终的方案依然没有明确。[28]建成的设计，是将陵堂布置在一条贯穿主入口的轴线上。它要穿过一个狭窄的拱形门洞，才进入到圆形的、带有圆柱的、穹顶"小礼拜堂"。陵堂的地面比展厅要低一级台阶。除此之外，拱形凹龛内还安放了黑色的石棺。有一座高大的屋顶气窗从陵墓中央空间的正上方

[26] Again G-Tilman Mellinghof, op. cit. 这是一份好的资料，例如，其中包括威廉·赫兹利特（William Hazlitt），他认为这些画作在德森凡斯的住宅中展示效果更好。直到 1977 年人工照明才被引入美术馆，而现在几乎是永久性地使用人工照明。在 2004 年年初一个阴天的下午，作者进行了一次参观。由于电源故障，作者以一种几乎自然的状态亲身体验了该建筑。这些画面的亮度很柔和，但都被清楚地照亮着。

[27] 罗伯特·文丘里在他为伦敦国家美术馆塞恩斯伯里侧翼（Sainsbury Wing）——竣工于 1991 年——的设计当中，明确地借鉴了达利奇美术馆的建筑剖面并将之进行改造。参见 Dean Hawkes, "The Sainsbury Wing, National Gallery, London", in *The Environmental Tradition*, E & FN Spon, London, 1996。

[28] 这些活动的细节出自弗朗西斯科·内维拉。

图 1.6
达利奇美术馆，陵堂

升起，上面安装着备受索恩喜爱的黄色玻璃。强烈的光线如瀑布般
倾泻在白色石膏墙面与浅色的石材铺地上，它与展厅清晰的照明形
成了对比。这些看似简单的手段，即对材料、色调和照明的组合，
断然区分了生与死的领域。

在索恩对空间采暖技术进行的实验当中，达利奇美术馆也占据
了一席之地。[29] 从一开始，美术馆就考虑采用集中供热，使用一

---

[29] 托德·维尔默特的研究是权威性的资料。

种由马修·博尔顿（Matthew Boulton）和詹姆斯·瓦特（James Watt）安置的蒸汽系统。那个深色的圆柱形物体——即从 J.M. 甘迪（J.M.Gandy）绘制的透视图中所见——是原初加热系统的一部分，可能是铸铁供暖器，由地下管沟中的蒸汽管加温。[30] 在一幅 1812 年现场绘制的水彩画当中，这个管沟清晰可见（图 1.7）。从这张画上也能看到，有一个壁炉炉膛的开口就嵌在展厅的墙壁上。目前尚不清楚，壁炉是否属于原初供暖方案的一部分，其旨在与蒸汽系统组合使用，或者是用来为建筑通风的。在这种情况下，中央供暖设备几乎从建筑落成之后就开始出现问题，此时管沟中蒸汽管的膨胀接头发生了泄漏，很快便导致木地板腐烂。

　　救济用房通过开放式壁炉采暖，正如人们对索恩有关家庭公寓采暖的观点所期望的那样。而陵堂是否连接到中央供暖系统，我们无从得知。建筑平面图清晰地显示了展厅的壁炉或烟道位于建筑西墙，这由水彩透视图所证实，然而有关陵堂的其他图像则无法证实这一点。维尔默特推测，该空间没有供暖，而是利用其冷峻的氛围进一步与展厅区分开来。[31] 这种通过热效应的视觉强化，可以恰当地说，成为索恩想象力的特征。

　　正如现在索恩被牢牢地树立为运用新型供热系统的先驱，我们也应该——简单地说——重视他对人工照明的兴趣。奈杰尔·克拉多克（Nigel

图 1.7
达利奇美术馆，施工中的场景以展示供热管道

[30] 这是由贾尔斯·沃特菲尔德（Giles Waterfield）所提出的，参见 Margaret Richardson and MaryAnn Stevens (eds), *John Soane, Architect: Master of Space and Light*, London Royal Academy of Arts/Yale University Press, New Haven, CT/London, 1999。

[31] Todd Willmert, op. cit.

Craddock）曾指出，作为一名职业建筑师索恩的职业生涯，即1781—1833年，与照明技术之发展——它允许比简单的蜡烛或油灯安装得更高，以及在一定程度上成为更加方便控制的照明源——两者确实是相并行的。[32] 其中，首先是阿尔冈灯（Argand lamp）于1783年开发。它采用了拉瓦锡（Lavoisier）的发现，即如果提供充足的氧气，火焰将会燃烧得更明亮。阿尔冈灯由两个同心的玻璃管相套组成，这给灯芯——即置于两层玻璃管之间的一个中空棉芯——提供了双倍的空气流。克拉多克认为，索恩在林肯广场项目中采用了该灯具。这是以他所使用的灯具装饰物为证据做出的判断，那种装饰会受传统灯具所散发出来的煤烟的影响很快就褪色。

索恩也尝试过使用煤气灯，但在林肯广场项目上，它只限于在地下室的仆人宿舍和纪念碑庭院的单墙支架上使用。在英格兰银行，煤气灯被广泛应用于建筑物的外部，运用于交通区域以及其他功能区。在剑桥郡的温波尔堂（Wimpole Hall）——于此他曾设计过许多项目[33]——索恩设置了实用的煤气灯，类似于英格兰银行使用的那种。这里他所介入实施的两个主要项目——建造于18世纪90年代——分别是为黄色客厅完型以及在大楼梯的上方修筑一个天窗。黄色客厅拥有一个高高的拱形天花板，其上覆以一个圆形气窗，气窗向上升起直达楼顶；大楼梯也由一个类似的天窗照亮，但是方形的天窗——该天窗取代了一个之前朝东的窗户，由于建设黄色客厅的需要，该窗户被堵塞上了。这两个气窗都与煤气吊灯相结合。我们不能确定，这些是否属于索恩的创作，[34] 但它们被整合成为天窗结构的一部分，这既是对这一类设施通风问题的实际解决方案，也与索恩一贯的兴趣——即应用技术来改善环境品质——相吻合。

---

[32] Nigel Craddock, op. cit.

[33] 参见 *Wimpole Hall*, The National Trust, 1979。

[34] Nigel Craddock, op. cit. 书中提示大楼梯上的煤气吊灯大概可以追溯至1840年，即索恩逝世之后的第三年。作者回忆道，在20世纪70年代中期房子遗赠给英国国民信托之后不久，在房子的东边能看到一个小的"煤气盒子"残余。显然这里已经供应了可燃的碳化物气体，通过管道输送到住宅。

总之，索恩对建筑中光线的表现力如此迷恋，可以从1825年3月他在林肯广场公寓中举办的活动来印证。在此前的一年，他买下了由埃及古物学者乔瓦尼·贝尔佐尼（Giovanni Belzoni）于1817年发现的西蒂石棺（Sarcophagus of Seti）（图1.8）。索恩为此举办了三场晚会，邀请了大约890位嘉宾出席。石棺被放置于地下室，住宅首层空间以及大楼的地下室全都由蜡烛和油灯照亮，这些灯具是专门为此活动租用的。大楼的外部由256盏灯照明，所有的灯都是以专用的玻璃器皿罩住。[35]据记载，索恩"在晚上将首层与地下室全部点亮，以发掘房屋周围光和影的充分对比，并创造出最富浪漫的情调，让人置身于其中去欣赏石棺"[36]。博物馆中的灯则被隐藏起来，它们被放置于靠近镜子的地方或者用彩色玻璃罩起来。据称，石棺里面也放置了一些灯，它们已然将石棺本身转化为神秘之光的

图1.8
位于林肯广场项目地下室的西蒂石棺

[35] Helen Dorey, "Sir John Soane's acquisition of the Sarcophagus of Seti I", in *The Georgian Group Journal*, 1991, cited in Nigel Craddock, op. cit.
[36] Ibid.

源泉。这一场景进一步证实了，索恩对于光线与空间两者关系的敏锐意识。

亨利·拉布鲁斯特

约翰·索恩的工作生涯跨越了 18 世纪向 19 世纪过渡的时期。正如我们所见，他是真正的先驱者，探索了使用建筑供暖与照明的新方法。尽管他的空间设计大胆且富有创造性，但他在结构与建造方面却相当保守。例如，英格兰银行的圆顶空间就是采用传统的砖结构。直到亨利·拉布鲁斯特（1801—1875 年）开始他出色的实践，即设计了巴黎圣日内维耶图书馆（the Bibliothèque Ste. Geneviève，1838—1850 年），使用铸铁结构才变得相对普遍。主要是这个方面的原因，他的作品吸引了现代运动与建筑技术方面的史学家们的关注。[37]

乍一看，圣日内维耶图书馆容纳了一个完全不同于达利奇美术馆的世界。其楼上（first floor）的大阅览室中占据主导地位的是双拱形的铸铁屋顶结构，它由中央一排修长的铁柱支撑（图 1.9）。其铸铁结构与闭合砌体墙之间的关系，已经被广泛地探讨过而且令人称赞。肯尼思·弗兰姆普敦是这样描述它的：

> 一个预制的防火铸铁桁架嵌进砌体外墙，其构造上已经准备好了承接……这是极为重要的……在长长的阅览厅的端头，拱形铁肋旋转了 90 度，从而将室内空间统

---

[37] Sigfried Giedion in *Space, Time and Architecture: The growth of a New Tradition*, Harvard University Press, Cambridge MA/Oxford University Press, Oxford, 1st edn, 1941, 4th, enlarged edition, 1963. 吉迪恩是最早将拉布鲁斯特视为原现代主义者的学者之一。类似的看法也出现在 Henry-Russell Hitchcock in *Architecture: Nineteenth and Twentieth Centuries*, Penguin Books, Harmondsworth, 1958, 3rd edn, 1969. 肯尼思·弗兰姆普敦在《建构文化研究》一书当中，赞扬拉布鲁斯特"将严格的类型学方法与建构的创造与表现相结合"。

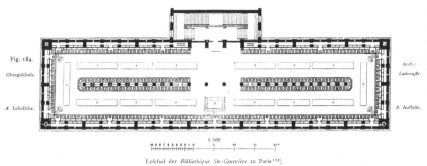

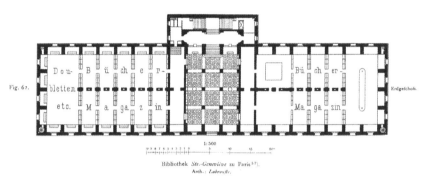

图 1.9
圣日内维耶图书馆，
上层、底层与地下层
平面图。地下室平面
图显示出供热与通风
管道的布置，它服务
于楼上

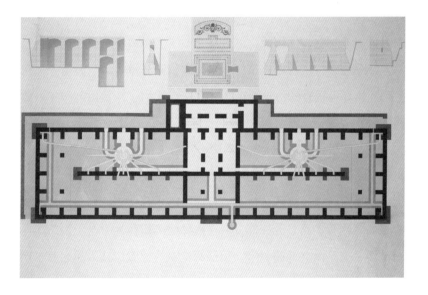

一了起来，并防止图书馆的结构被解读为两条平行的圆
拱形线。[38]

---

[38] Kenneth Frampton, op. cit.

与之相比，达利奇美术馆采用的是简单的承重砖墙结构，而且索恩屋顶气窗系统仅仅是原始的木工艺，圣日内维耶图书馆将这一切都隐藏在石膏抹灰饰面的背后。

然而当转向环境问题时，我们会发现，这两位建筑师以及他们的建筑作品之间存在着一些关联。让我们走近 19 世纪中叶，拉布鲁斯特已经对供热系统进行过有效的尝试与测验。供热系统将用于满足新的城市人口之需求，因为人们在探索最大限度地使用新的公共设施以及他们所居住的房屋。无论在圣日内维耶图书馆，还是后来的法国国家图书馆（Bibliothèque Nationale，1860—1868 年），拉布鲁斯特都有能力满足这些需求。

圣日内维耶图书馆坐落在先贤祠广场（the Place du Panthéon）的北边，建筑的长轴几乎完全对准东西方向。这种格局对于其环境概念来说非常重要。另一个重要的原因是，图书馆计划在夜间开放。[39]在冬季的深夜它将明亮而温暖，这一需求通过安装煤气灯和中央供暖系统获得了解决。尽管与直截了当的铸铁结构相比，它们一点都不显眼，但对于建筑概念来说它们同样重要。它们是一种完整的建筑环境视野的构成要素，包括一天当中的 24 小时与一年中的四季（图 1.10）。

进入图书馆的路线从先贤祠广场开始，先经过灯火通明的城市，再向北穿越图书馆昏暗的前厅。前厅以虚构的自然景观取代了现实，其形式是将天花板涂成蓝色，而且向下一直延伸至侧壁，成为绘有树冠的两侧林荫路景的一部分。在楼梯的半层休息平台上，路线向南一转，就是敞亮的阅览室。顶层阅览室的位置，让人想起克里斯托弗·雷恩爵士（Sir Christopher Wren）设计的剑桥三一学院图书馆。在这两座建筑物中，窗户都被设置在墙壁的上部——书库之上，

---

[39] Neil Levine's essay, "The Book and the Building: Hugo's Theory of Architecture and Labrouste's Bibliothèque Ste-Geneviève", in Robin Middleton (ed.), *The Beaux-Arts, and Nineteenth-Century French Architecture*, Thames and Hudson, London, 1982, 是该建筑的信息与解释的重要来源。

图 1.10
圣日内维耶图书馆，细节显示供热出口与书柜整合为一体，而书柜原本置于阅览室的中央柱列之间

而且室内阳光明媚。但在三一学院中，窗户是东西朝向的，因而仅能够接受相对低角度的太阳光。在圣日内维耶图书馆，建筑的长边是南北朝向，所以室内照明存在着明显的不对称性，因为太阳每天的轨迹都是从东到西。窗户向阅览厅的东西两端一直延伸，也进一步强调了这一点。大卫·范·赞滕（David Van Zanten）对此进行了分析：

> 这是一座图书馆，一个亮度适合阅读的地方，以及……在这里要想获得适宜的照明非常难。因为这块场地非常平坦，建筑以其整个大长边直接朝向南方的太阳。拉布鲁斯特必须提供一种漫反射的、舒适的光线，其唯一的手段是以一排轻盈的、深深的拱廊为建筑室内提供遮蔽。拱廊的柱墩较窄，它将作为遮光屏来阻挡直射的阳光，并通过其平坦且朴素的侧面来扩散阳光。[40]

这种阐述得到了尼尔·莱文（Neil Levine）的认可，并进一步发挥，他写道：

[40] David Van Zanten, *Designing Paris: The Architecture of Duban, Labrouste, Duc, and Vaudoyer*, MIT Press, Cambridge, MA, 1987.

阅览室最突出的品质在于它的开阔与透亮。一排深深的拱廊让日光能够从所有四个立面进入建筑，而且在一天当中的大部分时间它起到了遮阳板（brise-soleil）的作用。通过太阳的运动，人可以不断地意识到时间之流逝，同时也不断地意识到如下事实——正是骨架性的铸铁结构，让人体验到日复一日之循环。[41]

莱文表明，阅览室的朝向和它的栖居性由其装饰上的微妙变化进一步体现出来。支撑中央铁柱的石墩，其中的八个立面不做粉饰，它们是以女性题材进行雕刻装饰——四个朝东，四个朝西——分别代表白天和黑夜。那些位于大厅中部面朝西的塑像可以这样描述：她们"愁眉紧锁，双眼放光以及神情专注"。而那些面朝东的塑像，则眼睛"低沉，并赋予其形象以一种睡梦中的样子"。当人们从大厅望过去时，睁开双眼的雕像"日"正背对着明亮的晨光，而困倦的"夜"则被置于夕阳的背景下。

该项目的委托书要求建筑应采用煤气灯并且考虑防火——这在当时是必要的——以及阅览室的原照明（original lighting）应直截了当并且功能合理，然而拉布鲁斯特也将人工照明最终转化为了诗意。建筑的入口空间序列已被广泛地探讨过。莱文提出，该建筑需要在夜间开放，这一规定意味着"入口处的灯（煤气灯）凝结成一个'符号'，它解释了图书馆之所以就在那里以及它的开放时间，并且解释了图书馆的使用提供了启蒙的可能性"[42]。

拉布鲁斯特建造的最后一座建筑——法国国家图书馆（1859—1868 年）——占据了该建设场地的西边。它的东侧有维维安路（rue Vivienne），西侧为黎塞留街（Rue de Richelieu），南边是小场街（rue des Petits-Champs）（图 1.11）。它基本上是由三个大的空

---

[41] Neil Levine, op. cit.

[42] Ibid.

间序列构成，按顺序从北向南包括：露天的荣誉庭院（Cour d'Honneur）、图书阅览大厅（the Grande Salle des Imprimés）与中央书库（the Magasin Central des Imprimés）。后两者处于西南两端狭长裙房的背后。正如在圣日内维耶图书馆，从室外到室内的路径引领来宾们踏上了一段旅途——从明亮开始，穿

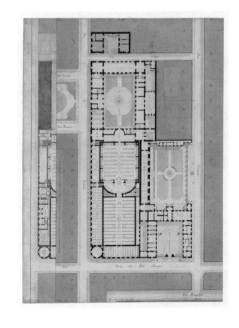

图 1.11
法国国家图书馆，首层平面图，上面朝北

过相对的黑暗之后，到达一座敞亮的室内大厅——然而在这里，一切都安排在了首层。

阅览大厅是一座方形的空间，其屋顶由 9 个圆穹组成，而支撑穹顶的是一种细长的铸铁结构（图 1.12）。大厅的光线主要来自各穹隆顶部的圆形洞口，再以其南侧半圆形后殿的屋顶天窗，以及入口上方的 3 扇大型弦月窗作为补充。[43] 正如在圣日内维耶图书馆，建筑结构限定了也组织起了大厅的基本环境品质，并将此明确的构造转化为一种兼具实用性与诗意的学习环境。拉布鲁斯特用如下语言记录下他关于阅览室的想法：

　　当我还在读高中的时候，无论是在课前还是课后我都会去卢森堡公园尤其是苗圃园（the Pépinière）自习。在那里，没有什么会打扰到我，我的眼睛和心灵因四周枝繁叶茂的美景而获得了放松。我想如果要在一处学习场所再现令我

[43] David Van Zanten, op. cit. 该书提供了对大厅的详细描述与分析。

图 1.12
法国国家图书馆，阅
览厅

如此心醉的场景，那它将会是在一座图书馆中，那里没有
浮华的装饰，更重要的是，它也是一个休息的场所，一处
让读者放飞心灵的空间。[44]

如果我们望文生义地认为此阅览厅就是在模仿苗圃园，可能是

---

[44] E. Bailly, *Notice sur M. Henri Labrouste*, Paris, 1976, cited in David Van Zanten, op. cit.

不对的。尽管大厅东西两端的弦月形盲窗上绘制了天空与树梢的远景，以模仿通过北窗所看到的景致，当时——19世纪——荣誉庭院中种植了树木。但是过分强调这一点，将会削弱人们对拉布鲁斯特设计精确性的关注。因为正是凭借这种精确性，拉布鲁斯特的设计为学习功课提供了实用的照明。在屋顶的设计中，有实有虚、有直射光也有反射光，再辅以由弦月窗漫射进来的无阴影的北向光，整个大空间——设计上考虑容纳400位读者——获得了充分的照明。光线穿过穹顶的圆洞进入室内，再经过圆穹表面的白瓷板的反射，这些反射光成为强有力的二次照明的光源。范·赞滕如此描述它们："它们就像阵阵微风中的遮阳篷布。"[45]当图书馆于1868年启用时，晚间照明通过穹隅（pendentives，三角穹圆顶，即圆屋顶过渡到支柱之间的渐变曲面——译者注）上安装的煤气灯提供。这些灯向上直接照亮穹顶，使之成为阅览厅的主光源——它预言了20世纪的"向上照明"（uplighting）技术。

阅览厅，当然采用的是集中式供热。鉴于拉布鲁斯特早在圣日内维耶图书馆中安装过，这就不足为奇了。在19世纪，整个欧洲在建筑中使用这种设备已是司空见惯，包括由西德尼·斯默克（Sydney Smirke）设计的伦敦大英博物馆的当代阅览室。正如伦敦的那些设备，拉布鲁斯特的系统通过两种方式供暖：立着的铸铁散热器与建筑周边用来支撑屋顶天蓬的柱子构成一种组合关系，它为阅览厅提供基本的采暖，再辅助以另外的热水管——它们从阅读桌的内部穿过（图1.13和图1.14）。

在大阅览厅的后面，矗立着私密的但同样壮观的中央书库——封闭式的图书存储栈架（图1.15）。它吸引了关注现代主义运动的史学家们的注意，尤其是西格弗里德·吉迪恩。中央书库无与伦比地简洁，因此吉迪恩将之视为20世纪建筑的一种明确预言。

[45] Van Zanten, op. cit.

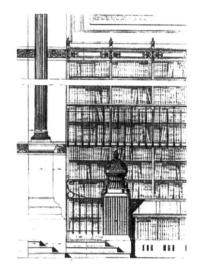
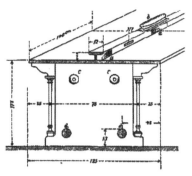

图 1.13（左图）
法国国家图书馆，阅览厅散热器的细节

图 1.14（右图）
法国国家图书馆，细节显示供热管被整合进了阅读桌

他于 1940 年写道：

> 拉布鲁斯特的杰出创作是大库房（the Grand Magasin）或书库……整个区域都覆盖上玻璃天花板。其铸铁楼板采用铁栅格为模板，让日光得以穿透图书栈架从顶照到底层……这种光与影的律动看起来就像是一种艺术手段，体现于某些现代雕塑作品以及当代建筑之中……在这个空间中——从未考虑过要公开展示它——一个伟大的艺术家为建筑带来了新的可能。[46]

最近评论家们已经放弃采纳吉迪恩的解读，而是将拉布鲁斯特恰当地重新置于他自己所处的时代与场地。[47] 正是在那里，这些建筑物的本真才得以被感知。然后，这两座大楼公共空间的意义才会变得清晰。它们之所以高超，在于其手段与目的融合为一体，在于

---

[46] Sigfried Giedion, op. cit.

[47] 在《美术与十九世纪法国建筑》一书的序言中，罗宾·米德尔顿写道："1977 年，随着由亚瑟·德雷克斯勒（Arthur Drexler）编的《巴黎美术学院的建筑》一书出版……吉迪恩纯粹愚蠢的解释被暴露了出来。"

图 1.15
法国国家图书馆，中央
书库

其将当时非常新的结构和环境技术引入彼此之间如此明确的联系当中。然而，这种综合不仅仅包含在建筑技术领域当中，而且也为建筑的诗学有力地开创了新的可能。

查尔斯·雷尼·麦金托什

正是这种综合性赋予查尔斯·雷尼·麦金托什（1868—1928 年）的作品以活力。在他的演讲 / 论文《雅致》（Seemliness，1902 年）中，麦金托什写道，一位建筑师

> 必须掌握技术创新，以便创造出属于自己的表达方式——而最重要的是，他需要借助这些创新来帮助自己改造大自然所提供的恶劣气候（the elements）——并且从中获得新的形象。[48]

在麦金托什对建筑的观察记录中，他一直强调"表现"在自己作品中的首要地位，但这总是与理解材料的本性及其潜力相关联。[49] 麦金托什在口头 / 书面陈述中，并没有直接提到环境问题；然而他的建筑却揭示出，这既是出于一种对其所在的格拉斯哥以及苏格兰西部特定气候条件的深厚情感，又是一种对技术文明潜力的深切敏感。技术文明作为 19 世纪末本地经济的基础。为了阐明麦金托什作品中这两个方面的要素，我将考察他最负盛名的建筑——格拉斯哥美术

---

[48] Charles Rennie Mackintosh, "Seemliness", in Pamela Robertson (ed.), *Charles Rennie Mackintosh: The Architectural Papers*, White Cockade Publishing, Wendlebury, in association with the Hunterian Museum, Glasgow, 1990。有人认为，该讲演有可能是 1902 年 1 月在曼彻斯特的北方艺术工作者协会举办。

[49] 关于麦金托什作品的近期解释，参见 Timothy Neat, *Part Seen, Part Imagined: Meaning and Symbolism in the Work of Charles Rennie Mackintosh and Margaret Macdonald*, Canongate Press, Edinburgh, 1994, and Anna-Maija Ylimaula, *Origins of Style: Phenomenological Approach to the Essence of Style in the Architecture of Antoni Gaudi, C. R. Mackintosh and Otto Wagner*, Acta Universitatis Ouluensis, University of Oulu, 1992。

学院（1896—1909 年）。

1896 年，格拉斯哥美术学院的董事会举办了一场竞赛，在市中心伦弗鲁街（Renfrew Street）的场地上设计一座新大楼。获奖方案于 1897 年 1 月公布，由格拉斯哥霍尼曼与科佩建筑事务所（the Glasgow practice of Honeyman and Keppie）获得，而查尔斯·雷尼·麦金托什就在该公司担任助理设计师。大楼于同年年底开工，第一期工程于 1899 年竣工。1904 年，麦金托什成为霍尼曼与科佩公司合伙人，并且继续从事美术学院的建设工作——项目重启于 1907 年，且于 1909 年完工。[50]

该建筑的平面简洁明了（图 1.16）。由教学工作室构成一个四层楼高的简洁体块，它占据着场地的北边，面向伦弗鲁街。在其背后，建筑向南突出了三个较小的体量——位于建设场地的陡峭斜坡上——并容纳了更多的专业用房，例如位于中部的一楼博物馆以及西侧著名的图书馆。该建筑的复杂性，通过其剖面图体现了出来（图 1.17）。这些设计专用教室通过其北向的大窗户获得稳定的采光，它绝对符合画室的传统。但是建筑中的交通空间，却让人体验到多样的、不断变化的光线；而且通过其照明设置，重要的公共房间也显现出个性化的品质。

从街道开始，建筑入口一进去就是一座黑暗的前庭；穿过它，光线引导着人前行。这些光有如瀑布一般从上层博物馆的全玻璃屋顶倾泄下来（图 1.18）。其向南倾斜的玻璃板让阳光能够直射进建筑物的深处。在入口楼层，位于其左右两侧的走廊由南向的窗户将其照亮；

---

[50] 关于麦金托什生活与创作的权威著作，有 Thomas Howarth, *Charles Rennie Mackintosh and the Modern Movement*, 1st edn 1952, 2nd edn 1977, Routledge & Kegan Paul, London, and Robert Macleod, *Charles Rennie Mackintosh*, Country life, London, 1968。霍瓦斯模仿了佩夫斯纳的语气将麦金托什描述为一位"现代设计的先驱者"。另外，麦克劳德探索了麦金托什与 19 世纪末格拉斯哥社会和文化状况的关系。关于麦金托什主要作品的一个实用性纲要，来自于 Jackie Cooper (ed.), *Mackintosh Architecture: The Complete Buildings and Selected Projects*, Academy Editions, London, 1978。与格拉斯哥美术学院有关的重要资料是 *Charles Rennie Mackintosh and Glasgow School of Art*, Glasgow School of Art, 1st edn 1961, 2nd edn 1979。其中有篇文章由道格拉斯·珀西·布利斯（Douglas Percy Bliss）撰写，文中包含该建筑的重要照片。James Macaulay, *Glasgow School of Art: Charles Rennie Mackintosh*, Architecture in Detail, Phaidon, London, 1993 is a first-rate modern source.

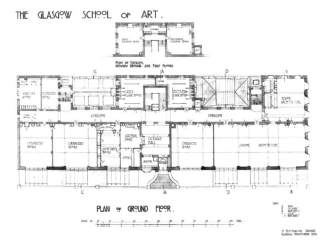

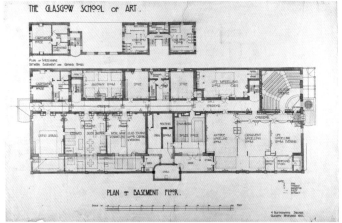

图 1.16
格拉斯哥美术学院，地面层与地下层平面图。机房显示位于地下层平面的中心位置

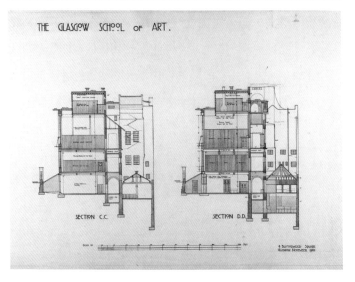

图 1.17
格拉斯哥美术学院，剖面图

图 1.18
格拉斯哥美术学院，博物馆

上部的楼层也有相应的走廊，其东侧走廊由非常适宜的天窗照亮，另一侧则由朝南的窗户采光，在这里窗户镶嵌进靠窗座椅的框架中。在二楼，建筑的交通部分由凉廊与"鸡笼子"（hen run）组成。"鸡笼子"似乎悬挂于城市上空，让人体验这座西北部城市变幻莫测的光线与天气（图 1.19）。图书馆（图 1.20）处于大楼的西南角，它通过建筑南墙上开启的三扇深切进去的窗户获得采光，其中一扇窗升至博物馆那一层。大楼的西山墙有三扇高耸的凸窗，它们突出于外墙面，而其窗侧向内张开很大。总之，它们以最富动态的光线照亮了图书馆。

第一眼看上去，令人惊讶，美术学院大楼采用的是砌体承重结构，它以铁梁来支撑中间的楼板，主要的屋顶都是由木桁架支撑。这与半个世纪之前拉布鲁斯特设计的铸铁结构相比，显得非常保守。然而，早在 1892 年麦金托什就在结构技术与材料的问题上阐明了他的立场：

　　　这两种比较现代的材料——铸铁和玻璃——尽管能

图 1.19
格拉斯哥美术学院，"鸡笼子"

很好地适合于多种用途，但它们永远无法替代石材，因为其缺乏体量感。随着水晶宫以及众多奇思妙想的建筑（rosetinted hallucinations）在那个时代获得实现，一种要创造出新风格的信念涌现了出来。最后的常识是（原文如此），它曾大张旗鼓地宣扬要去超越——与过去的建筑无需更多的联系……但是随着时间的推移，实践经验已经表明……对于稳固外观的追求才是至关重要的。[51]

相反，在他们那个时代，建筑主要的环境系统却是绝对必要的。这一点被班纳姆注意到了，他在 1969 年写道：

格拉斯哥美术学院……采用了一种压力通风系统——这在威廉·基（William Key）的家乡不足为奇——其竖向的管道未加修饰地（uncommented）出现于学校工作室以及创作空间（workspaces）的几乎所有正式照片当中。采纳这种热空气通风与供暖系统是对麦金托什在这些房间中使用巨大北窗的一个必要性的补充措施，也是一种人性化的考虑。因为人体课就在此教学，而对于裸体模特而言，

[51] 查尔斯·雷尼·麦金托什未写标题的建筑文稿（约 1892 年），参见 Pamela Robertson, op. cit。

图1.20
格拉斯哥美术学院，图
书馆

格拉斯哥是一座寒冷的城市。[52]

仔细查看建筑的平面图就会发现，该系统的竖向管道置于纵向承重墙的内部或者依附于它。纵向承重墙贯穿着大楼的全长。大楼的多数房间由铸铁散热器供暖，它被放置于窗户的下面以抵御冷空气（the down draughts）——冷空气不可避免地从如此巨大的冰冷表面下沉。如今原有的设备已经被更换，但在整座建筑当中，暖气格栅仍然可见。

然而，麦金托什的技术保守主义态度——我们从美术学院的建筑结构与材料上就能看出来——也表现在建筑的环境组织上。尽管供热与通风系统运作于整座建筑，但在许多地点仍由传统的壁炉作为辅助。这些壁炉的象征意义远比其功能更为显著，尽管如此，它们揭示出麦金托什是如何煞费苦心地坚守这些传统元素的象征意义。对于麦金托什来说，如果一个房间的属性和用途能够令其得体的话，将一种家庭的要素纳入一座学院建筑当中并没有什么矛盾之处；而且几乎可以肯定，它在建筑的象征性内涵方面发挥了重要作用。当你漫步于美术学院中，令人惊叹的是其空间环境如何通过精心地调整

---

[52] Reyner Banham, op. cit. 威廉·基（William Key）是一位格拉斯哥的工程师，其设计的压力通风系统——有关暖空气加热与通风——广泛地应用于英国19世纪晚期的建筑当中。

以适合其用途。它的实现与表达，是通过运用不同层次的材料和面饰获得的。工作室空间运用了暴露的结构与耐久的材料，因此看上去很坚固。董事会议室和图书馆的墙面装饰精美，一个采用了木镶板，另一个用的是带玻璃门的书柜。

在美术学院建设大楼之时，电气照明已是司空见惯。麦金托什将它们用作建筑技术设备的一项实用性组件，同时也是作为一种深入表达房间功能差异性的手段。在工作室以及其他实用性的空间中，照明由白炽灯构成简单的组合，在某些情况下不设灯罩；而在其他的情况下，使用简单的玻璃或者金属灯罩。这些灯常常悬挂于滑轮装置上，以便让灯光能够精确地投射到最需要它的地方；灯的电源线形成网状，因为它们布满了房间的上空（图 1.21）。这种实用主义与麦金托什对董事会议室和图书馆之人工照明给予的充分关注形成对比。在前者，有三盏一模一样的吊灯为这个昏暗的镶板房间提供了充足的光照——以当时的标准为鉴。吊灯的配件由熟铁制成，每个吊灯都有九盏灯，分别安装上抛光的铜灯罩。图书馆的照明则由银色与黑色的灯源组合提供，它低垂于中央杂志台的上方。这些灯都镶嵌了彩色的玻璃，它们与上层走廊栏杆处细长刻槽杆上的光亮色彩遥相呼应。

新的环境

在 19 世纪之初，工业革命的第一次技术成果已经被用来改造建筑的内环境。到了世纪末，用来供热和通风的机械手段已是司空见惯。同时，电灯与电力的发展为其功用带来了新的灵活性，也使得调控更为精准。除了有效的机械制冷措施之外[53]，所有的现代环境

---

[53] Rayner Banham, op. cit. 这又一次成为空调早期历史的宝贵资料。早在 1904 年 /1906 年，该术语首先由斯图尔特·W·克拉默（Stuart W. Cramer）在讲座与专利文献中使用，但班纳姆认为威利斯·哈维兰·卡里尔（Willis Havilland Carrier）才是"这一艺术之父"。他提出，德克萨斯州圣安东尼奥的米拉姆大厦（Milam Building，1927 年）作为第一座完全使用空调的办公楼。

图 1.21
格拉斯哥美术学院，其二楼工作室内部展示出电灯、窗台下的铸铁散热器以及内墙上的木箱风管

系统要素都已经到位了。这标志着气候与建筑之间的关系可能被重新定义，从而提出一种针对建筑自身属性的根本性变革，其特征可以用刘易斯·芒福德的话来概括，即"生活的量化"。

　　索恩、拉布鲁斯特以及麦金托什都已成为这一变革的先驱者之代表。他们在机械供热与通风，在煤气灯与电灯方面所做的实验和实践，能够轻松地支持这种解释。但在他们所有的作品当中，我们看到这些技术手段始终如一地服务于环境品质，看到技术服从于诗学。这就是他们对建筑环境史做出的最显著的贡献。而且这成为一种遗产，能够为那些紧随其后的、最杰出建筑师们的所有创作追根溯源。

第二部分

20 世纪的环境：
主题与变化

Part 2

第 2 章

勒·柯布西耶和密斯·凡·德·罗
——延续与创新

　　每个地方都会建造当地的住宅以应对其气候条件。

　　在国际化的科学技术广为传播的这一刻，我提议：只用一座住宅就能适用于所有地区，一座确实会呼吸的房子。

　　俄罗斯人的住宅，巴黎人的住宅，不管是在苏伊士还是在布宜诺斯艾利斯，或者是穿越赤道的豪华邮轮，都将被完全封闭起来。在冬天，里面很温暖，而夏天却很凉爽。这意味着在任何时候里面的空气都很洁净而且温度正好维持在 18 摄氏度。

　　将该住宅密封起来会很迅速！不会有任何灰尘进入。既没有苍蝇也不会有蚊子。毫无噪音！[1]

　　以上陈述，来自于 1929 年勒·柯布西耶在布宜诺斯艾利斯系列演讲中的一场。柯布西耶毫不含糊地将自己与建筑未来的国际主义愿景保持一致。"国际化的科学技术"是客观性存在，我们认为应当通过这些技术，机械化的环境控制设备——中央供暖、机械通风、空气调节、电器照明——为将建筑从特定地理气候条件的传统关系中解放出来，展现出一种前景。这是一种有关环境的话题，它

---

[1] Le Corbusier, *Précisions on the Present State of Architecture and City Planning*, Crès et Cie, Paris, 1930. English trans., MIT Press, Cambridge, MA, 1991.

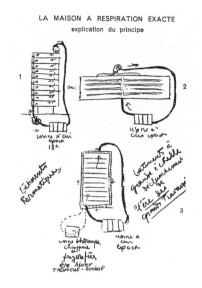

图 2.1（左图）
空调设备，出自勒·柯布西耶的著作《精确性》，1930 年

图 2.2（右图）
密斯·凡·德·罗设计，弗里德里希大街玻璃摩天楼方案，柏林，1922 年

与《新建筑五点》[2]中所提出的结构的、建造的与空间的主张相类似。因此，它预示了一场革命。在这场革命中，建筑实现了其最深远的功用之一。

该讲座采用图示的方法进行诠释，阐明了设备与建筑围护部分的关系。这些图示中的直线图形——"bâtiments hermétiques"（密闭的建筑物）——以脐带式的管线连接到"usine à air exact"（空调设备）（图 2.1）。

1921 年，即在勒·柯布西耶发表该演讲的八年之前，密斯·凡·德·罗提交了一份玻璃摩天楼的竞赛设计方案，基地位于柏林弗里德里希大街（Friedrich strasse）。其透视图——从建筑北侧看过去——成为早期现代时期最具有说服力的建筑图像之一（图 2.2）。

在这个方案的说明当中，密斯宣称：

> 施工期间，摩天大楼显露出其大胆的结构形式。只有在那时，巨大的网状钢结构才给人以深刻的印象。当建筑

[2] Le Corbusier, *Les Cinq points d'une architecture nouvelle*, in *Œuvre complète,* Volume 1, 1910–1929, Edition Girsberger, Zurich, 1929.

外墙放置就位后，结构系统——所有艺术设计的基础——就被掩盖于一片毫无意义且琐碎的形式狂欢之中……我们应该从新问题自身的性质去发展新形式，而不是用旧形式来解决新问题。

当我们用玻璃来替代建筑外墙时——这在今天还不可行——可以最清晰地看到其新的结构原理。因为在一座框架结构的建筑当中，这些外墙实际上是不承重的。而玻璃的使用带来了新的解决方案……

通过研究真实的玻璃模型，我发现，重要的是戏剧性的光线反射，而不是如普通建筑那样的光影效果。[3]

也许值得我们注意的是，密斯对设计的讨论在于建筑结构及其表现方面，在于"新形式"源自于"新问题"方面，而不是来自对环境效益的任何探讨，其环境效益可能是由玻璃外壳所提供的。他感兴趣的是光线在玻璃外壳上的反射，而不是它进入建筑内部以满足环境之需。与勒·柯布西耶有关环境控制机械设备的实用性建议不同，密斯提供了玻璃盒子诗意化的悖论——玻璃盒子不是针对光线的入射。但几乎可以肯定的是，在当时既定的机械环境系统发展前提下，这座建筑——如果建成的话——将不适宜居住。

尽管他们之间存在着差异，但这些声明奠定了勒·柯布西耶和密斯·凡·德·罗作为创新者，作为一种全新建筑视野的推动者的地位。对他们的作品进行这个方面的解读，可以找到相当多的论据；但也有更多的素材表明，其图景（picture）尤为复杂，而且这方面的一个重要因素涉及他们在建筑环境领域的地位。本章的目的就是去发掘这方面的证据。

[3] Mies van der Rohe, in *Frühlicht* 1, No. 4 (1922)

图 2.3（左图）
勒·柯布西耶设计，萨
伏伊别墅，普瓦西，
1929—1931 年

图 2.4（右图）
密斯·凡·德·罗设计，
图根哈特住宅，布尔
诺，1928—1930 年

柯布西耶的萨伏伊别墅位于普瓦西（Poissy），它设计建造于 1929—1931 年间（图 2.3）。密斯·凡·德·罗的图根哈特住宅，靠近布尔诺市（Brno），建造日期为 1928—1930 年间（图 2.4）。上面这两座建筑各自代表了该建筑师创作的一个里程碑，其早期作品中的理念与探索在这里达到一个精炼的综合。威廉·柯蒂斯（Willian Curtis）[4]已经阐明萨沃伊别墅是如何最完整、最富有表现力地体现"新建筑五点"，由独立支柱、屋顶花园、自由平面、水平长窗以及自由立面充分地展现出来。在图根哈特住宅中，密斯将他在那时为巴塞罗那馆（1929 年）所做的抽象完美的设计转化为一种最具说服力的表达，即用新的材料与技术来重新定义和改变住宅的性质。在很多方面，这些住宅都表现出许多的共同点。当我们考察它们在环境方面的水准时，尤其如此，但这种分析也揭示出相当关键的差异。这在建筑师后期的作品中体现得尤为突出，我将在下面进行讨论。

如果我们从考察这两座住宅的共同点开始，可以注意到这两者都非常注重朝向问题。图根哈特住宅位于一个朝南的斜坡上，它展现了一座工艺美术住宅主要的布局与环境特征。住宅由北侧进入，所有主要的房间都位于其南侧（图 2.5）。这种对常规建筑的剖面组织关系进行的反转——让建筑的主入口位于楼房上层——使得起居

[4] William Curtis, *Le Corbusier: Ideas and Forms*, Phaidon, London and New York, 1986.

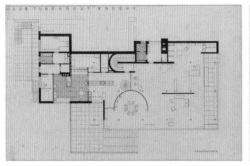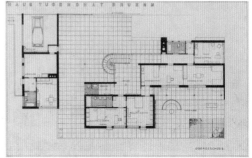

图 2.5（上两图）
图根哈特住宅，主楼层
平面图、上层平面图

图 2.6（下图）
勒·柯布西耶绘制，草
图来自在布宜诺斯艾
利斯的第五次演讲，
1929 年

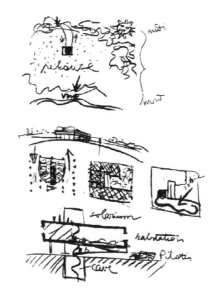

室能够便捷地享有花园的开放性空间。

在布宜诺斯艾利斯的第五次讲座中，勒·柯布西耶花费了一些时间来解释萨沃伊别墅的朝向，然后才论及它与阳光以及景观之联系（图 2.6）：

这个场地有一大片草坪，略有起伏。其主要的视野朝北，因此与太阳相背；住宅的正立面通常都将被反转过来……各类房间从方盒子建筑的外围获得景观和阳光，其中心有一座空中花园，在那里花园有如一个光线与日照充足的分配器。正是基于这座空中花园，客厅的滑动式玻璃幕墙以及住宅的其他房间得以自由开放；从而在住宅的心脏区域，阳光得以自由挥洒。[5]

在大多数的出版物当中——从《作品全集》第二卷后开始——该建筑平面并没有标出指北针，而是以建筑的南边朝上。几乎可以肯定，其流传最为广泛的外观形象，也是来自于建筑的北侧。其中独立柱最为清晰地呈现在首层的弧形玻璃幕墙之前；而屋顶日光浴场的形式如此自由，它使得建筑的外轮廓富于戏剧性。一旦建筑平面按照常规的方向呈现，建筑的环境逻辑就变得清晰起来（图2.7）。客厅向南开敞，融入开放式的露台，而且它也能享受到傍晚的阳光；主卧室、化妆间以及铺设了屋顶的露台朝南；厨房位于阴凉的东北角。屋顶的日光浴场——正如它该有的样子——能够避风、具有私密性而且阳光充沛。

柯蒂斯指出："该建筑一直以'居住的机器'（machine à habiter）这种最卓越的形象占据着人们的脑海。"[6]那些令人熟悉的照片为这一判断提供了证明。照片中，客厅显示——来自《作品全集》第二卷——它与露台相联系，其环境系统，即大散热器，位于朝西的窗户之下，而且室内还采用了通常的照明灯具。无论是出于偶然还是特意为之，人们都不会怀疑在这些照片中会有什么东西是出于偶然的，壁炉——在房间的空间组织与象征当中，它是一种如此重要的因素——却被略去了。

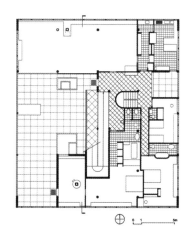

图2.7
萨伏伊别墅，主楼层平面

---

[5] Le Corbusier, *Précisions*, op. cit.

[6] William Curtis, *Le Corbusier*, op. cit.

通过中央供热系统，该住宅会获得充分的供暖，这将允许空间的使用具有某种"自由度"，而不会受传统局部热源的限制。我们可以想象一下，将这些不同的供热方式进行热度比较，其旁边放置"新建筑五点"中水平长窗与传统窗户的图解对比关系。但室内存在着壁炉这一事实，从根本上改变了人们对客厅功能的诠释（图2.8）。即使壁炉——作为一处热源——只起到微不足道的作用，它也将在自由的、相对均质的空间当中确立一块特定的领域，一处焦点。其在形态方面的整合——即是在建筑的整体组成上，也是在房间的布置当中——从方方面面都进行了缜密思考。从建筑平面来看，它恰恰与露台的铺地网格对齐，并且与穿过露台所看到的化妆间的窗侧在一条直线上。在其平面的垂直方向上，壁炉台沿北窗窗台形成一排并且作为它的延伸，同时正方形的烟道与承载柱相对齐。壁炉的侧面以及炉膛本身都是用砖来砌筑，在该住宅中，唯一一次出现这种传统材料。所有这一切意味着——无论是蓄意为之，还是其他原因——在这件现代运动影响深远的作品当中，传承的动力与创新意识共存。

现在来谈谈图根哈特住宅，我们可以开始比较勒·柯布西耶与密斯·凡·德·罗对待现代运动环境的方法。萨伏伊别墅与图根哈

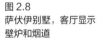

图 2.8
萨伏伊别墅，客厅显示壁炉和烟道

特住宅这两者之间的一个显著区别在于，各自的供热系统的性质及其表现。在萨伏伊别墅中铸铁散热器与壁炉明显存在；相比之下，密斯则试图弱化图根哈特住宅中复杂设备的视觉显现，这些设备被认为"绝对是当时最先进的，而且在许多方面甚至超越了今天的标准"[7]（图2.9和图2.10）。以下是特格特霍夫（Tegethoff）对此设备的描述：

图2.9
图根哈特住宅，餐厅区

> 尽管大部分的房间里配备了散热器或热风管，宽敞的起居区仍安装有一套额外的暖空气加热系统，在炎热的夏日它也可以用来制冷。它的进风井位于前庭院的下部，其东侧之地面下沉了大约1.5米。它有一套复杂的空气过滤系统用来净化与加湿空气，然后才输送到生活区的两个通风口。[8]

除了这些机械设备，起居空间南向的外墙也具有一套复杂的环境控制机制。在夏天的时候，建筑的两扇玻璃窗能够整体通过机械的方式下沉到窗台线之下，以便在夏日将整个起居空间向大自然开

[7] Wolf Tegethoff, "The Tugendhat 'Villa': A Modern Residence in Turbulent Times", in Daniela Hammer-Tugendhat and Wolf Tegethoff (eds) *Ludwig Mies van der Rohe: The Tugendhat House*, Springer Verlag, Vienna, New York, 2000.
[8] Ibid.

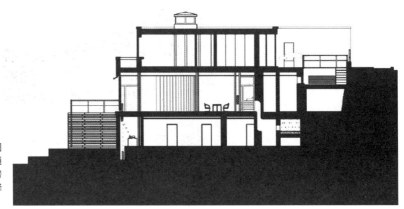

图 2.10
图根哈特住宅，剖面图
显示地下室与起居厅通
过热风口相连通，机房
则位于建筑南侧可升降
玻璃窗的底部

敞。窗户的上端安装有可伸缩的卷帘，用来遮蔽玻璃窗和室内空间，以减缓不必要的太阳辐射热。而在夜间，整个玻璃幕墙可以拉上通高的丝绸窗帘。

从图根哈特家族的表述当中我们获知，这些系统使用起来完美无瑕。在回答"图根哈特住宅是否适宜居住"这一问题时，弗里茨·图根哈特（Fritz Tugendhat）回答道：

在这座房子里居住了将近一年的时间之后，我可以毫不犹豫地向你保证，在技术上它拥有现代人可能想要的一切。在冬季，它要比一座墙很厚、采用双层窄窗户的房子更容易供暖。因为其玻璃幕墙从地板一直顶到了天花板，同时住宅的地坪亦被抬升起来，所以阳光可以深深地照进室内。在晴朗而寒冷的日子里，你可以把窗户降下来，沐浴在阳光下欣赏那银装素裹的雪景，有如在达沃斯一般；在夏日，遮阳幕布与电气空调能够确保室内舒适的温度……到了晚上，玻璃幕墙隐于丝绸窗帘的后面，以避免室内的光线反射。[9]

[9] Fritz Tugendhat, "The Inhabitants of the Tugendhat House Give Their Opinion", *Die Form: Zeitschrift für gestaltende Arbeit*, Berlin, 15.11.1931, cited in Daniela Hammer- Tugendhat and Wolf Tegethoff, op. cit.

他的女儿，丹妮拉·哈默—图根哈特（Daniela Hammer-Tugendhat）写道：

> 地下室配置了一套复杂的空调系统，就位于洗衣房和暗室的旁边，它是一种供热系统、通风机与加湿器的组合。尽管这样的系统很少在私人住宅中采用，但它使用起来完美无瑕……密斯不仅是一位美学家，也是一名优秀的工程师，他非常重视住宅的技术设备。[10]

巴塞罗那馆与图根哈特住宅之间的联系常常为人们所提及。其中，柯蒂斯评论道：

> 巴塞罗那馆的豪华通过一种家居化的环境再现了出来，其平板玻璃通透明亮、半反射光线或者带有色彩，十字形的柱子表面镀上了铬，墙面采用白色与金色的抛光缟玛瑙，而凹进去的就餐区则是通过一道弧形黑檀木隔墙来限定。[11]

一座展览馆必然略去了一所住宅中的许多显而易见的生活必需品。巴塞罗那世博会从 1929 年 5 月开幕至 1930 年 1 月闭幕。因此，展馆将历经夏天与冬天两种气候，但它却没有安装供热系统。[12] 就环境而言，该展馆纯粹是一个屋顶盖板与一个玻璃外维护结构的组合。这座建筑极富独创性，如果人工照明系统提供的照度还不够，建筑室内的一个毛玻璃屋顶采光灯箱将会把漫射的日光引入建筑平面的核心区域；然而到了晚上，玻璃盒子中的电灯泡又试图再现日

---

[10] Daniela Hammer-Tugendhat, "Is the Tugendhat House Habitable?" in ibid.

[11] William Curtis, *Modern Architecture since 1900*, Phaidon, London and New York, 3rd edn, 1996.

[12] 作者于 2004 年 3 月 26 日与巴塞罗那密斯·范·德·罗基金会确认过，该展馆内未设置供热系统。

图 2.11
巴塞罗那馆，室内显示
出毛玻璃灯箱

光效果（图 2.11）。[13] 在图根哈特住宅当中，这一想法以背光式照明的毛玻璃屏的方式再一次出现，它就位于餐厅区域弯曲的孟加锡黑檀（Macassar ebony）屏风之后。

尽管如此，该展馆仍可以被解释为关于理想住宅之本质的一份宣言，尤其是在当下的讨论中，可以作为理想环境的一个图景。其实质在于，家居室内的传统要素在这里消失了。壁炉将起居与餐饮功能相分离，甚至将冬天的活动区与夏天的活动空间相区别；当它的特殊地位被取代之后，我们发现在巴塞罗那展馆以及在它的变体图根哈特住宅的客厅当中，出现了一种能够适应一年四季之需求的室内环境。该住宅的空间组织（fabric）以及外围护体与机械化的设备建立起一种新的关系，超越了昼夜性与季节性的气候局限。然而它却与萨伏伊别墅有着天壤之别，尽管萨伏伊别墅具备柯布西耶现代性的终极偶像地位，其中传统家居设施的份量感与重要性依然存在。

H. 艾伦·布鲁克斯（H. Allen Brooks）曾经详尽地描写过 1910 年的"瑞士之旅"（Swiss interlude），当时年轻的让纳雷住在大角山（Mont Cornu）山坡上的一家汝拉农舍（Jura farmhouse）。[14] 这种

[13] Ignasi de Solà-Morales, Cristian Cirici and Fernando Ramos, *Mies van der Rohe: Barcelona Pavilion*, Editorial Gustavo Gili, SA, Barcelona, 5th edn, 2000.

[14] H. Allen Brooks, *Le Corbusier's Formative Years: Charles-Edouard Jeanneret at La Chaux-de-Fonds*, The University of Chicago Press, Chicago, 1997.

住宅类型最突出的特点在于它有如神龛一般的（aedicular）壁炉和烟囱，它们占据着建筑平面的中心位置，并且在其环境功能上发挥出至关重要的作用（图2.12）。布鲁克斯将此锥形烟道视为昌迪加

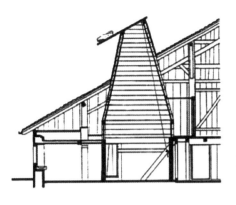

图 2.12
汝拉农舍，大角山，剖面图显示出壁炉与烟囱

尔议会大楼的议会大厅中宏伟筒状空间的一种形式上之先例；然而有更多的证据表明，贯穿于勒·柯布西耶一生的建筑创作思想当中，这样的壁炉占据着更为深刻以及更具象征意义的地位。在一项广泛而深入的研究当中，托德·维尔默特探究了其建筑中壁炉的存在以及偶然性的缺失，从拉绍德封（La Chaux-de-Fonds）时期一直贯穿至晚期作品。[15]这为重新解读柯布西耶现代主义建筑的本质奠定了基础，也将它与密斯同时期的建筑作品置于一种新的关系之下。

维尔默特指出，柯布早期在拉绍德封设计的住宅——佛莱别墅（Villas Fallet，1905 年）、雅克梅别墅（Jaquemet，1908 年）与施托策别墅（Stotzer，1908 年）以及后来的法福尔—杰科特别墅（Villa Favre-Jacot，1912 年）——都未设置壁炉，但它们的确又在勒·柯布西耶为其父母设计的让纳雷—佩雷特别墅（Villa Jeanneret-Perret，1912 年）和施沃布别墅（Villa Schwob，1916 年）当中出现了。这些住宅中的最后一座，拥有一套规模庞大而且与众不同的中央供暖系统，其供热管道被集成至砖石墙壁当中，这使得利用壁炉向空间供热的价值就不显著了。而有三座竖向堆叠的壁炉，其具体位置又与双层通高客厅的南面玻璃相联系；它暗示了，从住宅原本一般化的

[15] Todd Willmert, "The ancient fire; the hearth of tradition: Combustion and creation in Le Corbusier's studio residences", arq, vol. 10, no. 1, 2006.

图 2.13
勒·柯布西耶,《壁炉》
(油画), 1918 年

环境当中,确立出特定的舒适区域。

1918 年,勒·柯布西耶与阿梅德·奥赞方 (Amédée Ozenfant) 共同在托马斯画廊 (Galerie Thomas) 展出画作。勒·柯布西耶所展示的两件作品,其中一幅是《壁炉》(La Cheminée)(图 2.13)。他后来声称这是他的第一幅油画,而无视早期创作于拉绍德封的那些作品。相比于奥占方在当时的创作以及勒·柯布西耶后来更为成熟的作品——即从 1920 年才开始真正的纯粹主义绘画创作——这件画作通常会被略过。[16] 然而维尔默特提示,该主题可能与反复出现的楠木根烟斗 (briar pipe) 形象有着密切的联系;从它出现在《走向新建筑》一书的结论部分,再到它出现于众多的绘画作品当中,因此它与勒·柯布西耶建筑当中壁炉的重要性相联系。无论这种显著之联系是否能够被证实,当我们谈及 20 世纪 20 年代纯洁主义时

[16] See, for example, Geoffrey H. Baker, *Le Corbusier: The Creative Search*, Van Nostrand Reinhold, New York, E. & F.N. Spon, London, 1996。书中他将该作品描述为,"非常简单,几乎是自然的而且没有复杂的成分"。

期的建筑探索时，我们发现壁炉几乎总是存在的，最显著的是奥赞方住宅兼工作室（1922年）。

在《作品全集》第一卷当中，有一张为人熟知的奥赞方绘画工作室的照片（图2.14）——即朝巨大的钢架窗看过去，其上方是网格状的采光天窗，而墙壁为弧形的图书室则是通过陡峭的阶梯进入——它通常可以被视为纯粹主义建筑的首个建造试验：

> 奥赞方工作室是勒·柯布西耶机器时代梦想的一个小片段：一座奉献给"新精神"的清澈神殿。只能采用手工特制的玻璃，看上去像是批量化生产的；钢管栏杆以及金属件的楼梯激发起蒸汽动力时代的联想。索耐特（Thonet）椅子、吉他、纯粹主义的静物画展示出有关"物体—类型"的朴实道德观念。经过一种激烈地抽象，赤裸裸的工业事实被转化成为一种新生活方式的象征。该工作室证明了，勒·柯布西耶最终能够将他对一种新建筑的愿景转译为一

图2.14
勒·柯布西耶，奥赞方画室，1922年，图片来源于《作品全集》第一卷

个令人难忘的有形现实。[17]

在上面这些评论当中，大家从未注意到壁炉的存在，它几乎是以一种艺术与手工艺的方式存在于悬挑着的图书室下方的"角落"里。突出于窗台下方的肋片管散热器与沿着内壁向上延伸的管道——同时为下面的楼层通风——绝对符合现代主义的阅读；然而壁炉——其壁炉台（mantlepiece）向外凸起——几乎完全像其《壁炉》一画中所描绘的那样，传递出一种模棱两可的情形。

维尔默特发掘出有关这一空间进一步的环境奇特性，它涉及人工照明。这幅"被认可"的照片并没有显示出灯源的存在，而北窗的窗台上存放着四只电灯泡。然而，其他的照片显示，那些电灯其实是安装在顶棚天窗的周围，但《作品全集》中的照片却将它们抹除了。

我们做一个简要的综述就可以说明，从奥赞方工作室至萨伏伊别墅这一段时期，勒·柯布西耶的其他建筑作品当中壁炉是存在的，从而能表明壁炉的显著意义。按照它们出现于《作品全集》中的先后顺序，我们发现壁炉存在于拉罗歇住宅中画廊空间的挑台下方（图2.15），以及位于隔壁让纳雷住宅的客厅当中（1923年）。

壁炉也出现在位于佩萨克（Pessac）的住宅当中（1925年），然而就在同一年，无论是在未实施的迈耶别墅（Villa Meyer）还是在新精神馆（Pavillon l'Esprit Nouveau）中却都没有设置壁炉。在"最小"住宅（Maison "Minimum"）方案中也没有采用开放式壁炉，在这样一座小建筑当中，如此处理可能是必要的。但在1926年的库克住宅（Maison Cook）中，其客厅与餐厅的交界位置，壁炉几乎是以独立的方式占据了显赫的位置（图2.16）。位于加歇（Garches）的斯坦因·德·蒙齐住宅（Villa Stein-de-Monzie）在修建的时候并

[17] William Curtis, *Le Corbusier*, op. cit.

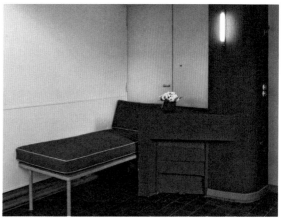

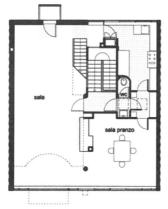

图 2.15（上两图）
拉罗歇住宅，工作室壁炉

图 2.16（下左图）
库克住宅，首层平面图

图 2.17（下右图）
丘奇别墅，图书室

未设置壁炉，尽管它有着齐全的铸铁散热器，看上去非常显眼；而且在其车库的照片中，供热设备也被赋予一种几乎像雕塑一般的重要性。然而在后来，该房子于 1935 年被转手之后，壁炉又被设计安置于客厅与露台之间的墙壁上。

勒·柯布西耶在阿夫赖城（Ville d'Avray）丘奇别墅（Villa Church，1928—1929 年）中的设计任务是，为既有建筑增建一间音乐室、客厅以及一侧的客人用房。随着对既有楼房进行修整，我们可以看到图书室中出现了独立式的壁炉，其旁边是勒·柯布西耶与夏洛特·帕瑞安德（Charlotte Perriand）设计的家具，而且其上空出现了一扇圆形的天窗，它成为住宅室内现代与传统相结合的、表述最完整的作品之一（图 2.17）。壁炉弧形的背面与铸铁散热器——与

图 2.18
贝斯特吉公寓，
屋顶露台

楼梯井的栏杆结合为一体——两者间的关系特别具有说服力。

贝斯特吉公寓（Bestegui Apartment，1929—1930 年）受到人们的广泛关注，其屋顶凌空于巴黎香榭丽舍大街。在勒·柯布西耶的《作品全集》当中，正是这个项目其壁炉的功能最不显著，然而其象征意义却获得了最为突出的表现。蒂姆·本顿（Tim Benton）将它描述为"勒·柯布西耶作品中最具异国情调并最令人费解的作品之一"[18]，而柯蒂斯认为是"纯粹主义风格最后的奢华喘息"[19]。该建筑层层叠叠的屋顶露台，其最顶上一层的室外空间有一座洛可可式的壁炉，壁炉的形象以及凯旋门——被视为壁炉台上的钟表——在这里被挪用，它超越了真实图像的边界，而进入到超现实主义的领域。但也许这依然是建筑师对于住宅的本质保持着持续热情的一种显现（图 2.18）。

在 20 世纪 30 年代，勒·柯布西耶的创作转向了一个新的方向。

[18] Tim Benton, *The Villas of Le Corbusier: 1920- 1930*, Yale University Press, New Haven, CT, 1987.
[19] William Curtis, *Le Corbusier*, op. cit.

柯蒂斯将这一时期描述为，转向"地域主义与再评估"[20]。其中的一系列项目，尤其是住宅，利用了传统材料石材和木材——在某些情况下，它们被用作承重结构；而且与本章的讨论尤为相关的是，对气候的明确回应。

《作品全集》第二卷的开篇就对萨伏伊别墅进行全面介绍，而在其第一卷中它只是作为一个正在实施中的作品。接下来的"住宅"项目是1929年在秋季沙龙中的家居设施，其中他与夏洛特·帕瑞安德合作设计的全系列家具被展示于一个布景当中——它真的是一个"居住的机器"，但接下来的一页，我们便看到了1930年位于智利的埃拉苏里斯住宅（Errazuris house）项目。

在其形式和材料方面，该作品令人震惊，它几乎背离了萨伏伊别墅的纯粹主义。然而，勒·柯布西耶却煞费苦心地坚持认为这符合他的原则：

> 材料的乡土特色对于表达一个清晰的平面与一种现代审美绝不会是障碍。[21]

住宅的平面非常清晰，它有一个独立的、双层通高的起居室，区别于紧凑的、有着上下层的睡眠区与服务区。它同样遵循了良好朝向的原则，建筑位于南半球，因而其高大的北窗让充沛、温暖的阳光照进室内，而较小的西立面窗则能够看到夕阳以及太平洋的美景。

《作品全集》中的《大厅及壁炉》（La grande salle et la Cheminée）一图，对于考量柯布西耶住宅建筑当中壁炉的意义至关重要。它显示了自然的温暖阳光与近乎原始环境的下沉式凹穴，这两者之间存在着一种非常确切的联系。自然的温暖阳光穿透高大的窗户涌入右

---

[20] William Curtis, *Le Corbusier*, op. cit.
[21] Le Corbusier, *Œuvre complète*, Volume 2, 1929–1934, pp.48.

图 2.19
安托尼·雷蒙德，日本浅间山的避暑别墅，1933 年，出自雷蒙德·麦格拉斯（Raymond McGrath）1935 年的著作《二十世纪住宅》

侧的——即北面——端头房间；而近乎原始环境的下沉式凹穴就位于坡道的下方，其中镶嵌着一座壁炉。壁炉与坡道的关系明确地体现在《作品全集》的插图之中。

这座房子没有建成，但《作品全集》仍刊载了照片图像（图 2.19）。这些照片出自一座形式几乎完全相同的住宅，由安托尼·雷蒙德（Antonin Raymond）1933 年建造于日本。[22] 勒·柯布西耶评论道：

> 读者们可别搞错了，这不是我们那栋住宅的照片，而是雷蒙德先生的创作！至少可以说，这是"英雄所见略同"！无论如何，看到为我们所珍爱的想法以如此高的品味付诸实践，我们非常满意。[23]

雷蒙德所设计的住宅规模上要大得多，它有充分扩展的住所，包括铺设榻榻米的客房。住宅的朝向经过旋转，使得主屋之长轴成为东西方向，而不是南北方向。另一个主要的区别在于，它是一座木结构，而不是勒·柯布西耶所设计的砌块建筑。

壁炉也出现在 20 世纪 30 年代柯布西耶的另外两座"地域主义"住宅当中：法国南部勒普拉代（Le Pradet）的曼德洛住宅（Villa Mandrot，1930—1931 年）以及位于波尔多省北部大西洋沿岸莱斯

---

[22] 这座住宅在雷蒙德·麦格拉斯的著作中有说明，参见 Raymond McGrath, *Twentieth Century Houses*, Faber London, 1934。麦格拉斯写道：在雷蒙德设计的其他住宅中，他将西方风格与东方风格相调和，但在这里他采用了东方风格并且让它自由发展——通过西方风格的经验，现在已经成为可能——正如他所说，"欠了柯布西耶一点债"。而这个"债"是指柯布西耶为埃拉苏里斯夫人所设计的位于南美洲的住宅。

[23] Le Corbusier, *Œuvre complète*, Volume 2, 1929–1934, op. cit.

马泰的住宅（the house at Mathes，1935 年）（图 2.20 和图 2.21）。在曼德洛住宅中，壁炉——以砖铺砌的炉膛在平面当中凸显而出——将平面构图中心区域的客厅与图书室分隔开来，该区域由三根结构柱取代了这一侧的承重砌体。在莱斯马泰的度假住宅当中，壁炉则被嵌入二楼厚厚的石砌横墙内。在以上每一个案例中，这都是适当的，也是在更大设计背景下做出的准确判断。然而该时期的另外两个项目对于考量勒·柯布西耶建筑作品中的壁炉，具有更显著的意义。

巴黎南杰瑟—科利大街（rue Nungesser et Coli）的公寓楼（1933年）尤为重要，因为这是勒·柯布西耶在公寓的顶层阁楼建造的个人住宅与工作室。在建筑的平面格局中，内置的采光天井贯穿了整栋建筑，居室与工作室分别排布在天井的两侧。于此之上，是屋顶花园和客房。在主楼层的中心区域，一个带有天光照明的凹空间朝

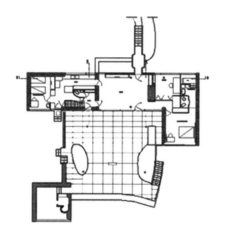

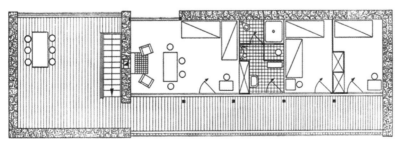

图 2.20（上图）
曼德洛住宅，住宅主体层平面图

图 2.21（下图）
位于莱斯马泰的住宅

图 2.22
南杰瑟－科利大街公
寓，巴黎，带天窗壁炉
的起居室

起居室开敞，在那里我们发现了一座壁炉（图 2.22）。

　　勒·柯布西耶顶层阁楼的分界墙是由砖块和石头乱砌而成的。
它与下面楼层精准的、由机械化方式生产的钢、玻璃和玻璃砖结构，
以及建筑的外立面形成对比。它已被用来暗示公寓的特殊意义。[24]
这种推测因屋内的壁炉及其属性获得了强化。该壁炉只是在抹灰墙
上做出一个简洁的开口，并不想确立一座实在的炉膛，这表明其目
的并非是为公寓供暖做出实际的贡献。然而在众多出版的照片当中，
该壁炉都清晰可见。这表明，在勒·柯布西耶生活中最个人化以及
最亲密的场所，壁炉承担着家庭生活的象征意义。

　　这一系列项目作品中的最后一个案例是位于巴黎郊区拉塞勒－圣
克卢（Celle-St-Cloud）的周末度假小住宅（Petite Maison de Week-
end）。肯尼思·弗兰普顿曾经提到，在 20 世纪 30 年代初勒·柯布西
耶"对机器时代越来越深的矛盾情绪"[25]。埃拉苏里斯住宅、曼德洛
住宅以及莱斯马泰的住宅都证实了这一观点。而在许多方面，周末度
假小住宅又成为这一趋势的总结。

[24] William Curtis, *Le Corbusier*, op. cit.

[25] Le Corbusier, *Œuvre complète*, Volume 3,1934–1938, op. cit.

周末度假小住宅的建筑平面由一
个简洁、朝南的体量组成，其北面和
东面由一堵石墙围拢（图 2.23）。小隔
间向主空间敞开，其中包含卧室、厨
房和浴室。建筑平面的中心由一座砖
与混凝土建造的壁炉所占据，这是建
筑中唯一的热源。

在《作品全集》第三卷的介绍性
文字当中，勒·柯布西耶写道：

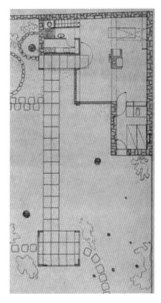

图 2.23
周末度假小屋，平面图

> 居住建筑宜采用标准化的构
> 件（如周末度假小住宅所示），
>
> 以探寻通往本质观点的创作道路，它总是存在于安定的
>
> 时代。[26]

通过对勒·柯布西耶近 20 年来的建筑作品进行分析，我们可
以确定在勒·柯布西耶的居家环境观念中，壁炉非常重要。即使当
他正处于纯净主义的高峰时期——当时他的首要任务是实践并展示
"新建筑五点"——壁炉几乎存在于他所有的建筑设计当中，以象征
家庭生活的本质，并在空间的组织与栖居中发挥出了重要作用。尽
管在 1929 年布宜诺斯艾利斯的演讲中，他宣称"只用一座住宅就能
适用于所有地区"，看似如此，然而就在他致力于"一种新建筑"的
同时，勒·柯布西耶却保留着对于传统延续性的深刻意识。鉴于此，
与我们通常的理解相比，其所谓 20 世纪 30 年代的"地域主义"创
作项目就显得不那么激进了。

让我们回到对密斯·凡·德·罗的讨论中。纵览密斯在相同这

[26] Le Corbusier, *Œuvre complète*, Volume 3,1934–1938, op. cit.

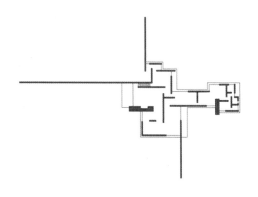

图 2.24
砖住宅方案，由维尔
纳·布雷泽绘制

一时期设计的一系列住宅可以看出，他对现代主义环境持有一种非常不同的观点。砖住宅方案（1923年），是他第一次在建筑平面当中确立构成之策略；方案以独立的墙面为基础，墙面向外延伸超出了建筑物的外围护体。[27] 在其平面中心区域的左侧有一个由砖砌筑的实体块，尽管在原图中并没有具体标示，但通常被认为是一座壁炉和烟道，而且在维尔纳·布雷泽（Werner Blaser）于 1986 年出版的计算机绘图当中也是如此显示（图 2.24）。[28]

在位于古宾（Gubin）的沃尔夫住宅（Wolf House，1925—1927 年）当中，壁炉突出地体现于建筑的平面和侧面上，成为建筑构图之中枢（图 2.25）。而建于克雷费尔德（Krefeld）附近的朗格与埃斯特斯住宅（Lange and Esters houses，1927—1930 年），则是砖砌住宅的语言的进一步发展。在这里壁炉不见了，因为密斯向建筑环境的另一种理念迈进了一步（图 2.26）。

巴塞罗那馆的意义——相对于图根哈特住宅而言——已经在上文进行过讨论。但它的延续发展，对于建立密斯视野下的建筑内环境，做出了另一个重要的贡献。这是密斯第一次采用照片蒙太奇透视方法来描绘一处室内空间（图 2.27）。[29] 在这些表现图当中，该建筑物被展现为由细长墨线条绘制的结构柱和窗直棂以及呈透视感的地板网格这样的形式，有如遗迹一般；它们与真实的

[27] 例如参见 William Curtis, *Modern Architecture since 1900*, op. cit.。

[28] Andres Lepik, "Mies and Photomontage, 1910–1938", in Terence Riley and Barry Bergdoll (eds), *Mies in Berlin*, The Museum of Modern Art, New York, 2001。文中详细地说明了密斯采用蒙太奇照片再现他的建筑与方案。

[29] 关于详细的描述，参见 Wolf Tegethoff, *Mies van der Rohe: The Villas and Country Houses*, 1981, English edition, The Museum of Modern Art, New York, 1985。

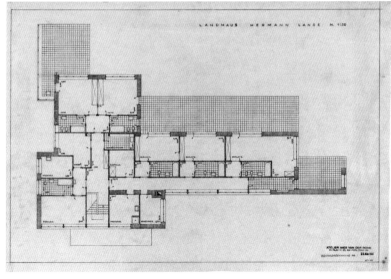

材质、风景或艺术品构成的拼贴图像相联系。另一张相类似的图
像——但纯粹是用铅笔在图纸上描绘的——展示了图根哈特住宅
的起居室。

在它们的抽象概念中，这些图像暗示了一种环境的可能性：其
中光和影、温暖和寒冷等传统特质以及环境供给设施的可视化存
在——壁炉、火炉、灯具——都被剔除了，转而追求一种由不可见

图 2.27
巴塞罗那馆，室内透
视，蒙太奇照片

之机器所维持的理想化、均质的环境。换句话说，这样一种环境概
念——它已经切断了与传统的一切联系——借助于先进的当代实践，
以追求一种真正的、新的愿景。

对于密斯环境愿景的发展具有同样显著影响的事物，或许可以
从玻璃室（Glass Room）项目当中找到，它是密斯为 1927 年斯图
加特制造联盟展览会所创作的。该项目采用了多样的玻璃类型，从
透明的到不透明的，并且分为不同的色调。在天花板白色织物的均
匀照明下，它呈现出一种波光粼粼的、半透明的空间效果。[30]

建造于 1931 年柏林"德国建筑展"上的示范住宅——"Die
Wohnung unserer Zeit"（我们这个时代的公寓）——是将这些理念应
用于原尺寸房屋设计的一个特别有效的例证（图 2.28）。在展厅的围
墙之内，该项目去除了一切有关环境庇护的传统需求，然而其生活
空间精美组合的形象——里面未设置壁炉也没有安装灯具——完全

[30] See Tegethoff, ibid. 书中转载了完整的方案。

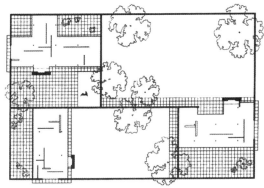

融合了照片蒙太奇与玻璃室这两者的品质与抽象性。

密斯在 20 世纪 30 年代创作的系列住宅设计中，它们大多数未实施，始终如一地运用自己在这些早期项目中探索出来的原则。其原则是连续的透明空间，由独立式帷幕构成并表达出来。"庭院住宅"方案成为这一过程的总结，其室内与室外空间的密切联系不断地通过蒙太奇（透视图）体现出来（图 2.29）。

在这批项目的大多数作品当中，壁炉成为住宅主要生活空间的焦点以及定位点。他这样考虑的缘由我们尚不清楚，因为在密斯早期理论性的方案当中壁炉其实是缺失的，其中最值得注意的是在图根哈特住宅当中。柏林的格瑞克住宅（Gericke House，1932 年）方案就是一个例子，在那里客户的任务书中明确要求设置壁炉，不仅在客厅当中，而且在"住宅女主人的"主卧室里。[31] 在描述该设计的说明书中，密斯指出，方案设计了那两座壁炉，并提供了对该住宅服务系统的相对详细的描述：

> 主卧室……为丈夫提供一个步入式的衣橱，为妻子设计一个独立式的更衣间。其所期盼的壁炉也安置在了房间里。

[31] From Tegethoff, ibid.

主客厅由大型平板玻璃围护，其中有一些可以降下来，有一些可以滑动到一侧，并在其室外之尽头有一座业主所要求的小型冬季花园。

壁炉位于主客厅与门厅的过渡位置。业主想要的火炉供暖将与壁炉结合在一起。

客厅区和主卧室采用了暖风供热，而且在夏季也能用于通风与制冷。[32]

该住宅的透视图以铅笔描绘，这种对蒙太奇图像手法的偏离令人关注。它显示，在宽敞的壁炉口旁边放置着传统的软垫扶手椅。

在密斯的作品当中，正如在柯布西耶的作品中一样，建筑环境问题是一件复杂的事情。从图根哈特住宅的例证以及其他相关项目——如玻璃室、巴塞罗那展馆以及为"我们这个时代的公寓"所做的柏林展览设计——都非常清楚地表明，在这里环境绝对依赖于机械化的维护，甚至在某种程度上它们也可以在夏季借助于机械来制冷——例如在图根哈特住宅中那样，以及在格瑞克住宅的提案中所说的那样。然而这些提供服务的系统设施却被隐藏了起来。在密斯建筑的主要空间当中，我们并没有发现像柯布西耶那样将散热器精心地展现出来。其室内的暖空气由分散的格栅风口提供。人工照明的光源也同样被隐藏了起来。巴塞罗那馆与玻璃室平整之顶棚以及"我们这个时代的公寓"展馆中紧绷的织物天幕看起来就像客观性的存在，而不同于图根哈特住宅中的天花板那样是断断续续的。

在这种显然冷静的、机械化的视觉背景下，壁炉的地位显得不那么明确。这些流动的、相互关联的空间概念依赖于中央供暖系统。壁炉并没有实际的用途，但是在壁炉实际存在的地方，通过对其主

---

[32] From Tegethoff, ibid.

要座位区域位置的限定，它们不可避免地形成了空间中的聚焦点。然而这一功能在图根哈特住宅当中，甚至在非住宅性质的巴塞罗那馆中，通过它们各自的缟玛瑙墙——它假定了一种虚构的"壁炉"状态——获得了很好的解决（图 2.30）。除非像在格瑞克住宅中那样它们被特别提及，可以说壁炉在住宅的整体构成与组合当中的作用，要比其作为环境策略的一个组成部分更为重要。在砖住宅（Brick House）方案当中，高大的壁炉体量是建筑构图中最重要的部分。

从上面这些分析可以推断，勒·柯布西耶和密斯·凡·德·罗两人都认为，自己建筑的环境品质对于发展新的建筑语言来说非常重要。尽管他们明显有很多共同点——拥抱新的技术，并寻求具体的方法务实地整合并表现它们——但他们在环境思想方面却有着相当显著的差异，这在他们后来的作品当中变得更加明显。

如果我们将 20 世纪 20 年代视为这两位建筑师实验的十年，萨伏伊别墅与图根哈特别墅所取得的成就则各自代表着该建筑师成熟

图 2.30
图根哈特住宅，缟玛瑙墙作为虚构的"壁炉"。

与融汇的里程碑，但这里也种下了他们此后相互区别的种子。

　　在 20 世纪 30 年代，正如柯蒂斯提出的，柯布西耶在他的乡村住宅设计——埃拉苏里斯住宅、曼德洛住宅和莱斯马泰的住宅以及在"田园都市"（rus in urbe）项目周末度假小住宅——当中，转向了对区域性和本土性进行重新诠释。[33] 在以上所有这些项目中，其环境理念在很大程度上依赖于传统方法——观察建筑朝向的优先顺序并强调壁炉的重要性，壁炉既是热源又具有象征性。与此同时，密斯在住宅设计上采纳了其"庭院住宅"方案系列中进行的纯理论性探索，其中巴塞罗那馆和图根哈特住宅理想化之环境不断地表明了这一点。然而在其更为务实的"真实世界"设计之作品当中，如格瑞克住宅、哈伯住宅（Hubbe house）以及乌尔里奇·朗格住宅（Ulrich Lange house）——这些都未曾实施——通过非常明确的参照传统，其最为具体的表现在于那种大型的壁炉——在某些情况下占据着主导地位——因而其中的理念就显得不那么激进了。密斯在美国的第一个重要建筑方案是里瑟住宅（Resor House），设计于 1931—1940 年间，位于怀俄明州（Wyoming）。该方案通过两种图示化再现方式之间的对比体现了这种模糊性：一种是由铅笔绘制的、石砌壁炉为主导的原原本本之空间；另一种属于蒙太奇表达，图中壁炉被保罗·克利（Paul Klee）的绘画作品——Bunte Mahlzeit（《七彩宴席》）——的局部所代替（图 2.31）。

　　在二战后的年代中，勒·柯布西耶与密斯·凡·德·罗建筑作品的环境特性变得明显不同。勒·柯布西耶强化了自己对于传统、对于自然气候的认可，将其作为一座建筑环境之性质及状况的主导因素。密斯·凡·德·罗则强调接受机械化辅助设备潜在的可能性，在无形之中默默地提供了一种"理想化的"、恒定的环境。在设计上，

---

[33] William Curtis, *Le Corbusier*, op. cit.

图 2.31
里瑟住宅，客厅内
朝南看

两者的区别可以这样来表述：一是借助于气候进行设计，另一则是对抗气候的设计。[34]通过对这两者进行简要的比较研究，现在我们可以为这一发展轨迹画上句号。

范斯沃斯住宅与乔乌尔住宅

范斯沃斯住宅（Farnsworth House，1945—1951 年）建造于伊利诺伊州，这样一座理想的别墅，是密斯对于现代住宅本质进行洞察的总结：

> 大自然也应该有它自己的生命。我们应该避免在我们的住宅以及室内陈设当中使用过度的颜色去干扰它。事实上，我们应该努力将自然、住宅与人凝聚在更高的统一体

[34] Victor Olgyay, the Hungarian/American environmentalist, whose *Design with Climate: Bioclimatic Approach to Architectural Regionalism*, Princeton University Press, Princeton, NJ, 1963。这一术语来自维克多·奥尔吉亚（Victor Olgyay）的著作，它为建筑回应气候提出了强有力的论据。

中。当人们透过范斯沃斯住宅的玻璃幕墙观察大自然的时候，要比一个人站在室外直接观看具有更为深刻的意义。大自然获得了更为丰富的表达——它成为一个更大整体的其中一部分。[35]

令人困惑的是，范斯沃斯住宅被证明是一个在环境设计上失败的案例。[36]正如我们所见，图根哈特住宅被其业主认为是一个绝对的成功，而且密斯受到业主们的称赞，例如"不仅是一位美学家……而且也是……一位优秀的工程师"。图根哈特住宅的朝向经过认真的考虑，而且据反映其供暖效果非常卓越，然而这座全玻璃外壳的建筑——不言而喻，是有问题的——由单层玻璃与不完备的供热系统复合而成。这座住宅通风不畅，它在夏季会过热，附近的树荫也不够。除了地板下的供热系统——完全不可见——以及一个附加的暖风器之外，住宅中有一座开放式的壁炉，位于中央服务核之内（图2.32）。在那里，该壁炉被设想为几乎是一架机械化设备的状态，置于核心筒内其他系统的旁边。住宅内的人工照明完全采用向上投光的方式，它经由连续完美的白色天花板反射，室内再以独立式的标准灯具进行补光。据说这样的效果完美极了。

该住宅有如此多的不足，这些技术缺陷不可避免地令人对密斯的环境愿景产生怀疑。事实上，通过升级供热系统，即安装一台空调机，它们已经获得补救而且住宅也变得宜居了。它表明这一理念是可以通过技术实现的，但也引发出许多其他的问题，如今建筑中的环境意识已经承担了其他含义。

相比之下，勒·柯布西耶设计的乔乌尔住宅——1951—1954年间建于巴黎郊区纳伊市（Neuilly）——代表了现代住宅的一个

[35] Mies van der Rohe, cited in Tegethoff, op. cit.
[36] 参见 Maritz Vandenberg, *Farnsworth House: Ludwig Mies van der Rohe*, Phaidon, London, 2003。此书对该建筑进行了详细的技术批评。

图 2.32
范斯沃斯住宅，客厅中心设置了开放式的壁炉

标志性转折。该住宅由两座房屋构成，它们占据着一个并不宽敞的场地，场地的长轴为东西方向。在靠近场地北侧边界的中部位置，两座房屋共用一座入口庭院："太阳的方位主导了建筑平面与剖面的布局。"[37]

　　方形的建筑外形很简洁，采用砌体承重结构以及混凝土加泰罗尼亚拱顶，屋顶上覆盖草皮，它被极富条理的玻璃与木材要素构成的窗洞所打破。它们可以根据房间的尺寸和功能来调整玻璃窗的数量。在每一座房屋中，起居厅都有一个壁炉（图 2.33）。在住宅 A 中，壁炉安置在山墙上；在这个位置，空间通高两层。在住宅 B 中——其中并未设置两层通高的空间——壁炉占据了房间的中心位置。对于这些空间的形成与栖居性来说，壁炉被赋予了绝对优先的地位，

---

[37] Le Corbusier, *Œuvre complète*, Volume 5, 1946–1952.

图 2.33
乔乌尔住宅，住宅 B
内起居厅中的壁炉

而且兼具功能性和象征性。

乔乌尔住宅显然回到了勒·柯布西耶年轻时对简洁的乡土建筑的体验。当住宅建成之时，它引发了批评性的回应。詹姆斯·斯特林（James Stirling）在 1955 年这样写道：

如果加歇住宅表现了城市，高雅时髦而且本质上与

"巴黎精神"保持着一致，那么乔乌尔住宅看起来具有原始般的性格，令人回想起普罗旺斯的农场社区；它们似乎与住宅所在的巴黎城市格格不入……在乔乌尔住宅当中没有涉及任何机器的东西，无论是在建造上还是在美学方面。[38]

然而，柯布西耶却为它们辩解。当时他写道："这个'值得称赞'的作品是这样的，它代表着一种实例能让构成建筑的要素成为大家关注的焦点，也就是：结构系统、材料选择与通风方式。"[39] 的确，这些住宅与加歇住宅、萨伏伊别墅所表现出的纯粹确定性与普遍性大相径庭。它们甚至进一步地远离了范斯沃斯住宅当中密斯的抽象概念，以及——必须指出——其在环境技术上的失误。另外，它们表现出对于更大的问题——响应气候以及实现人的舒适性——的一种特定敏感。其房间——里面阳光灿烂而且明亮——供暖高效而且通风流畅，可以说它代表了舒适的感受对于思想意识的胜利。

后记：两座艺术博物馆——柏林和东京

环境主题——上文已经对勒·柯布西耶和密斯·凡·德·罗的住宅建筑进行了梳理——也同时存在于他们设计的其他类型的建筑当中。这可以通过比较他们艺术博物馆的设计方法来阐明。从一开始，这些便揭示出他们对博物馆环境问题的不同见解。

柯布西耶单卷本的《作品全集》出版于其逝世之后，该书按照

[38] James Stirling, "Garches to Jaoul: Le Corbusier as Domestic Architect", *Architectural Review*, no. 118, September 1955. Reprinted in Carlo Palazzolo and Riccardo Vio (eds), *In the Footsteps of Le Corbusier*, Rizzoli, New York, 1991.

[39] Le Corbusier, *Œuvre complète*, Volume 6, 1952–1957.

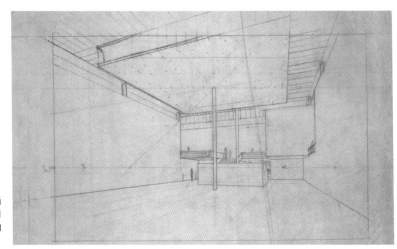

图 2.34
勒·柯布西耶绘制，当代艺术博物馆，1931年，第一展厅的室内透视

时间顺序收录了勒·柯布西耶的博物馆建筑设计。[40] 抛开后期 1962 年以及 1964—1965 年设计的斯德哥尔摩和苏黎世项目，这些作品可以追溯其清楚的发展路线——从 1929 年的曼达纽姆（Mundaneum）和世界博物馆方案到东京国立西洋美术馆，竣工于 1959 年。在某种程度上，所有这些都是在探索一种理念，即将螺旋形平面作为一种方法来适应建筑未来的扩建。[41] 但它们同样也展示出美术馆设计某种的一贯方法，由此将它们置于一个特定的谱系与传统当中（图 2.34）。这就是采用日光、屋顶天窗照明的画廊，它源于索恩的达利奇美术馆。

密斯·凡·德·罗的艺术博物馆设计，从一开始便揭示出完全不同的意向。在定居德国的那些年，密斯做过许多展览设计，而且他设计的许多住宅都是由有艺术收藏背景的业主所委托。但是，他参与美术馆设计——作为一种特定的建筑类型——始于 1942 年一座小镇的博物馆项目（图 2.35）。该方案因其照片蒙太奇（室内透视图）而众所周知，图中拼贴的艺术作品——包括新古典主义的以及

---

[40] W. Boesiger and H. Girsberger, *Le Corbusier 1910–65*, Les Editions d'Architecture, Zurich, 1967.
[41] In *Modern Architecture Since 1900*, op. cit. 威廉·柯蒂斯利用该博物馆设计来说明，柯布西耶是如何发明一种类型或者主题，然后再发展它以满足不同的目的和意义。

图 2.35
密斯·凡·德·罗绘制，
一座小镇的博物馆，
1942 年，照片蒙太奇

毕加索的绘画《格尔尼卡》——悬浮于一种无差别的中性空间之中，那里没有任何令人熟悉的线索，通过这些艺术品我们得以确认这是一座艺术博物馆。

勒·柯布西耶展示出一个相当具体的建造（architectonic）条件，其中房屋的要素——尤其是采光天窗与墙面之间的关系——可以立即被识别为是一座美术馆的那些属性，即使其中没有放置任何可见的艺术品。而密斯则专注于艺术品，但是将它们设置于一个精心绘制的地板网格与一块完全无区别的天花板之间。从地面贯通天花板的光线很难说是在为艺术品照明。它可能很容易就成为密斯住宅设计中的一幅插图。

在柯布西耶和密斯职业生涯的最后阶段，这些原则性的差异转而落实在两个主要的建筑项目中。勒·柯布西耶的东京国立西洋美术馆（1957—1959 年）以及密斯·凡·德·罗的柏林国家美术馆（1962—1968 年）。这两座建筑都采用一种方形的平面，但在所有其他的方面却又大不相同。在东京国立西洋美术馆中，柯布西耶发展了一套有关建筑平面与剖面之间的复杂联系以解决交通流线和展陈问题，那些是美术馆的核心。而密斯在柏林国家美术馆中，通过将理想建筑的可视化表现与隐蔽地安置艺术品这两者进行有力的区分，以追求其最终的通用空间。

柯布西耶的建筑体量坚实，而密斯·凡·德·罗的建筑通透明亮，两者之间的对比没有比这更强烈的了；而且当我们考察建筑平面图与剖面图的时候，其差异性就变得愈加显著（图 2.36、图 2.37 和图 2.38）。勒·柯布西耶建筑的入口空间序列以非对称的方式穿越其底层平面，通过一处复杂的而且是处于不断重复的柱网中的一片光场。密斯则提供了绝对的对称性，置于一种无柱的、照度均匀的空间之内。于是，在东京的美术馆中，其游览是向上面朝天空之光；然而在柏林，其路线却是向下降至一种空间与环境受控的领域。

东京国立西洋美术馆的展厅空间以其日光长窗占据主导地位，

图 2.36（上图）
勒·柯布西耶设计，东京国立西洋美术馆，平面图

图 2.37（下左图）
东京国立西洋美术馆，剖面图

图 2.38（下右图）
柏林国家美术馆，剖面图

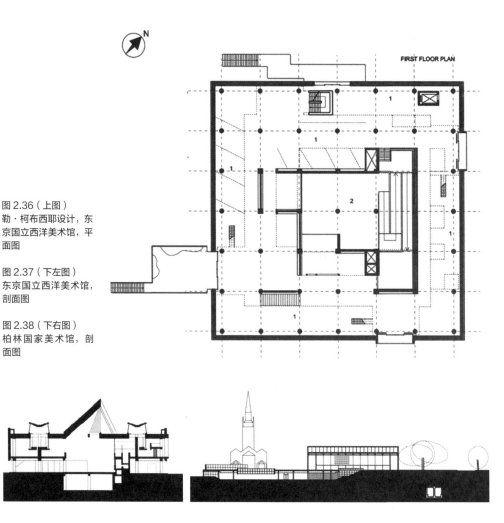

它位于展厅的上空，并向展墙投射照明（图 2.39）。日光通过高侧窗过滤并由内侧玻璃散射后进入展厅，除此之外，展廊还设有电子泛光灯，它直接将人造光投射到下面的墙面上。与柏林国家美术馆的全玻璃展厅相比，其中的艺术品——如果要展示的话——将由落地真丝窗帘背后的人工灯具进行照明。在 1968 年，该美术馆以蒙德里安的绘画作为开幕展，也只能以这样的条件进行展示。其底下一层的展厅，建筑环境也是完全人工化的，人工照明与空调则由悬空的吊顶来配置。这些空间有如机械一般抽象，它们几乎就是将照片蒙太奇精确地转变为建筑现实（图 2.40）。

图 2.39
东京国立西洋美术馆，
展厅

　　无论是勒·柯布西耶还是密斯·凡·德·罗，他们都对建筑环境功能之演变有着极大的拓展。他们为住宅所做的设计——这贯穿着他们的整个职业生涯——使用了各式各样的供热、照明与通风技术，这些技术在 20 世纪才出现。他们为这些技术带来了落地的方案，这改变了居住空间的整个概念以及在住宅中人们可能的生活方式。这就允许我们从其开创性的建筑作品当中——例如萨伏耶别墅和图根哈特住宅——去辨别他们思想之间实质性的共同点。这两座住宅都遵循了回应气候条件的原则，其根植于一切乡土建筑。作为它的直接表达，建筑朝向对于这两个设计都是具有影响的，其主要空间得益于朝南向。在它们的结构与材料方面，这些住宅明显有别于乡土建筑。也可以这样说，他们广泛地使用机械设备来创造出一种流

图 2.40
柏林国家美术馆，
底层展廊

动性的空间，这将是传统的供热、通风与照明模式所无法比拟的。

　　但是有一点，在这两位建筑师的作品当中这些相类似的房屋却表现出一种气质上或者哲学上的分歧。对于勒·柯布西耶所有的激进主义而言，其创新当中似乎仍保持着一种有关延续性、有关传统的深厚意识——在萨伏伊别墅的主客厅之中，它通过由砖建造而成的壁炉最有效地表现了出来。然而在图根哈特住宅当中，密斯则完全取消了所有这样的参照。他将精美表达的结构元素、空间再分隔，与一种综合性的但又完全隐蔽的供热、制冷与通风系统结合在了一起。天平已经决定性地由传统倒向了革新。

　　面对复杂的建筑业务，没有什么是一成不变的。在密斯后来的住宅设计中，壁炉有很多次又出现了——甚至在范斯沃斯住宅——它成为这一特定传统潜在生命力的证据。但是很明显，在 20 世纪 30 年代这两位建筑师在环境问题上都已经确立并持续保持着相当鲜明的立场。而这些或许在他们整个后期的创作中都有体现。乔乌尔住宅与范斯沃斯住宅相比，在环境方面，一个实在、坚固且耐久，而另一个抽象、精致而脆弱。东京与柏林美术馆的案例表明，勒·柯布西耶的现代主义是适应性的——无论是在时间上，还是在场地方面——因此它植根于环境传统，该传统从一开始便赋予了建筑；然而密斯的却是理想化与普适性的，并在这种意义上试图逃避传统以寻求创新。

第3章
"另一种"环境传统
——埃里克·贡纳尔·阿斯普朗德与阿尔瓦·阿尔托

北方与南方

第二章探究了环境问题与现代主义建筑理论、实践发展之间的联系。通过比较勒·柯布西耶和密斯·凡·德·罗的作品，显示出新型环境操控技术是如何作为一种手段来定义新的建筑语言。在过去的十年左右，建筑评论（critical discourse）的一个重要方向是为 20 世纪建筑的"另一种"传统阐明其案例，以明显区别于以柯布西耶和密斯为代表的"正统"。这种观点的一个主要倡导者是科林·圣·约翰·威尔逊（Colin St John Wilson）。他首先在《建筑思考》（*Architectural Reflections*）[1]一书中，接着在《现代建筑的另类传统》（*The Other Tradition of Modern Architecture*）[2]当中，试图"揭示一种替代性的哲学，它以 70 多年的实践活动作为例证并有'另一种传统'的权威代表者，它要比孤僻的个人抗议更为宽广，而且这种哲学此刻也出现了"。在论述他的观点时，威尔逊列举了一组建筑师，他们的作品体现出这样的特质——即对他而言，这种特质定义了所说的"另一种"本质。这些建筑师包括：雨果·哈林、西格德·莱韦伦茨、

---

[1] Colin St John Wilson, *Architectural Reflections: Studies in the Philosophy and Practice of Architecture*, Butterworth Architecture, Oxford, 1992.

[2] Colin St John Wilson, *The Other Tradition of Modern Architecture: The Uncompleted Project*, Academy Editions, London, 1995.

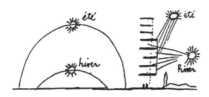

图 3.1（左图）
勒·柯布西耶绘制，集
合公寓，冬季与夏季的
太阳（入射）角度

图 3.2（右图）
阿尔瓦·阿尔托绘制，
维堡图书馆，"梦幻般
的山地景观"

汉斯·夏隆以及本章的主角埃里克·贡纳尔·阿斯普朗德（1885—1940
年）和阿尔瓦·阿尔托（1898—1976 年）[3]。

　　作为一个起点，现代建筑"正统"与"另一种"传统的环境立
场之区别，可以概括为对立的两极：一端代表着通用性；而另一端体
现了特殊性，存在于它们与建筑气候环境的关联之中。对于勒·柯
布西耶来说，太阳跨越天空的轨迹这一"普遍事实"及其图形化的
示意成为他环境意识的象征；而阿尔托则会隐喻地谈论维堡图书馆阅
览室屋顶照明的起源，他会这样说："某种奇妙的悬崖山地景观，太
阳在不同的方位将其照耀。"[4]（图 3.1 和图 3.2）

　　柯蒂斯曾认为，勒·柯布西耶的作品洋溢着一种"地中海神
话"[5]贯穿其职业生涯。柯布西耶对南方气候条件如此专注："多年
来，尽管我已经觉得自己日益成为四海为家之人，但仍旧坚定地执
着于地中海：阳光下的形式女皇。"[6]

　　阿斯普朗德与阿尔托都是北方人。阿尔托的建筑作品，除了后
期的少数项目建于德国、法国、意大利与美国，其他全都位于斯堪
的纳维亚半岛。在北部 55°—65° 高纬度地区之间，无论是现实条
件还是神话故事，建筑的整个文脉都与地中海的完全不同。在高纬

[3]有关莱韦伦茨建筑作品的环境品质，将会在本书后面的第 6 章当中从人类的适应机制这一独特
视角进行深入探讨。

[4] Alvar Aalto, "The Trout and the Mountain Stream", *Domus*, 1947, reprinted in Göran Schildt (ed.),
Sketches: Alvar Aalto, MIT Press, Cambridge, MA, 1985. 对阿尔托和勒·柯布西耶作品中大自然的意
义进行广泛比较的资料，可以参见 Sarah Menin and Flora Samuel in *Nature and Space: Aalto and Le
Corbusier*, Routledge, London and New York, 2003。

[5] William Curtis, *Le Corbusier: Ideas and Forms*, Phaidon, London and New York, 1986. See Chapter
11, "The Modulor, Marseilles and the Mediterranean Myth".

[6] Le Corbusier, quoted in Curtis, ibid.

度地区，一年当中季节之间的差异性比南方地区更为显著。在斯德哥尔摩与赫尔辛基，两地都接近北纬 60°，冬至日太阳微微升出地平线有 5 个小时；而盛夏之时，这些城市则享有几乎持续的白昼。季节之间的差异性同样体现在温度上，在那里冬季岁月严寒而且黑暗，夏季时光宜人、清凉而漫长。

1955 年在维也纳的讲座中[7]，阿尔托强调大自然对于芬兰人的世界观以及经验养成具有显著的意义：

> 我在这里所展示的，是我祖国的典型场景。其目的是，把我将要讨论的建筑的环境景观介绍给大家。这是一处遍布森林与湖泊的土地，有 80 000 多个湖泊。在这片土地上，人们总是能够与大自然直接接触。

在该讲座的后段，当他论述自己在奥塔涅米（Otaniemi）理工大学所做的建筑作品时，阿尔托谈到了季节的重要性：

> 该大学有一处开阔的学生运动场地，并有一个宽敞的大厅；在那里，即使是冬季学生们也可以继续从事夏天的运动。就个人而言，我是反对将运动变得通用化的，因为它让夏天变成了冬天，让冬天成为了夏天。我认为，人应该根据一年当中的季节来选择合适的运动并适时地进行改变，这样人可以体验到自然的季节变化。

正是与北欧大自然的环境背景相抗衡——其自然环境幅员辽阔，而且气候条件极端——阿斯普朗德与阿尔托的建筑置身于其中，并从中勾勒出它的大多数本质特征。1940 年阿斯普朗德去世时，阿尔

---

[7] Alvar Aalto, "Between Humanism and Materialism", lecture given at the Central Union of Architects in Vienna, 1955, reprinted in Göran Schildt (ed.),op.cit.

托写下令人感动的"悼词",深切地表达了他俩共同的创作基石:"建筑艺术持续显现出取之不尽的源泉与方法,它直接从大自然以及人类情感无法解释的生理反应中流露出来。在后面这一类建筑当中,阿斯普朗德占据了一席之地。"[8]

阿斯普朗德:自然与城市

瑞典拥有广阔的自然景观,它带来了一种类似于芬兰那样与大自然直接接触的体验。从斯德哥尔摩向东部眺望,跨越波罗的海,对岸的城市赫尔辛基与其有着许多共同的特点。这两座城市都体现出有关其地形以及乡村内陆的一种深刻意识。说到斯德哥尔摩,在与詹姆斯·鲍德温(James Baldwin)的一次谈话中,英格玛·伯格曼(Ingmar Bergman)说道:

> 它根本不是一座城市,把它视为一座城市是可笑的。它只不过是一个特大的村庄,坐落于一些森林与一些湖泊中间而已。你会好奇,它在那里想什么又正在做什么,看上去如此重要。[9]

尽管如此,但这些都是城市。从形态和建筑上,它们都体现出城市的特征。斯德哥尔摩的城市中心——从格拉斯坦老城区向内地延伸——基于纵横交错的城市网格,它组织起了公共的与私人的空间领域,并且坐落着重要的城市机构。随着城市向北延伸,正是在这里,阿斯普朗德开始了斯德哥尔摩公共图书馆的设计工作;从

---

[8] Alvar Aalto, "E.G. Asplund in Memoriam", *Arkkitehti,* 1940, reprinted in Göran Schildt (ed.), op. cit.

[9] Ingmar Bergman, 1959, quoted in an essay byJames Baldwin, "The Northern Protestant", in *Nobody Knows My Name,* Dial, 1961, reprinted in James Baldwin, *Collected Essays,* The Library of America, New York, 1998.

图 3.3
阿斯普朗德设计，斯德
哥尔摩公共图书馆，底
层平面图，建成于 1928
年。儿童图书馆位于建
筑东南角，而故事室就
在入口大厅的左边

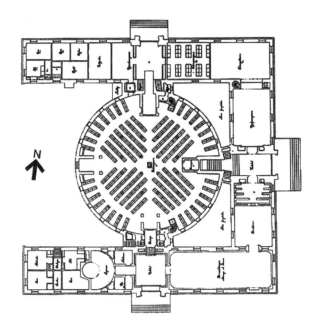

1918 年一直到 1927 年，他倾注于其中。通过这个精益求精的过程，方案设计得以深入，而且资料也被很好地保存了下来。[10] 随着建筑落成，该图书馆显然可以看作是对新古典主义原则与先例的发展，因为其 1922 年的第一稿方案就是以新古典主义为基础的。传统的古典主义构图要求建立一种严格的双轴对称关系，而其轴线几乎精确地位于建筑构图的中心点上。

遵循这些传统，阿斯普朗德表现出对方位的敏锐意识，尤其是他把精巧的儿童图书馆安排在建筑南侧一翼的底楼，并为它设置了单独的出入口。在那里，它可以享受阳光，并能够欣赏到湖泊与花园之景——它们正位于建筑的那一侧（图 3.3）。

圆形阅览厅极其宏伟，位于建筑的一楼；它由东侧的一段戏剧

［10］例如 Hakon Ahlberg's essay in Gustav Holmdahl, *et al.* (eds), *Gunnar AsplundArchitect: 1885–1940*, AB Tidskriften Byggmästaren, Stockholm, 1950, Stuart Wrede, *The Architecture of Erik Gunnar Asplund*, MIT Press, Cambridge, MA, 1983, and Claes Caldenby and Olof Hultin, *Asplund*, Rizzoli, New York, 1986。另外，还可参见 Kirstin Neilsonand Dan Cruickshank, "The Fusion of Formalism and Function", in the series of articles on Asplund's works published in *The Architects' Journal*, in 1987 and 1988, later collected in Dan Cruickshank (ed.), *Masters of Building: Erik Gunnar Asplund*, The Architects' Journal, London, 1988。

性的楼梯进入，而这段楼梯被形容为"通向天空的阶梯"[11]。在早期的方案中，阅览厅被设计为一座格状的穹顶（coffered dome），穹顶上面镶嵌着一组天窗。但在后来，阿斯普朗德放弃了这一想法，转而采用一种环形布局的方式，将20扇又高又窄的窗设置于书架墙上方鼓座的高处位置。这样做是为了确保阳光可以直接照进室内。[12]墙壁的上部以白色粉刷饰面，质地凹凸不平；从窗户照射进来的光线打在墙壁上，就像一架明亮的漫反射器将光线均匀地散布于整个房间。在一年四季的晴朗日子里，明亮的小光斑照进室内，并迅速地在墙面上移动（图3.4）。即便它属于古典主义的建筑传统，这种动态的光将一种无所不在的大自然意识引入了建筑内部。在极夜的时刻——也意味着在这一纬度冬季的大部分时间里——阅览厅内的主要光线，也是象征性的光，来自于一座巨大的白色玻璃吊灯；它如同倒扣的天穹，悬于中央服务台的上空。在这里乃至于整座建筑，

图3.4
阿斯普朗德设计，斯德哥尔摩公共图书馆，阅览室内展现了自然光与人工照明的方式

[11] Cited in Kirstin Neilson and Dan Cruickshank, op. cit.
[12] 在一篇1928年发表于《建设者》杂志上有关图书馆的文章中，阿斯普伦德对此有很长的论述，引自Kirstin Neilson and Dan Cruickshank, op. cit。

图 3.5
阿斯普朗德设计，哥德
堡法院，从建筑的东南
位置隔着斯托拉－哈姆
运河看过去

阿斯普朗德为其设计了所有的灯具，人工照明是该建筑的一个基本
要素。

这种将城市环境与古典主义语言相结合的方法，在阿斯普朗德
为哥德堡法院所做的扩建方案中又一次出现了（图 3.5）。这个项目
从 1913 年开始到 1937 年结束，它比建造斯德哥尔摩图书馆所花的
时间还要长。[13] 该设计经历多个阶段，至关重要的是，它跨越了阿
斯普朗德从古典主义向现代主义风格转变的年代。

这座斯德哥尔摩城市法院位于城市的核心位置，即斯托拉－哈
姆运河（Stora Hamn Canal）北岸古斯塔夫－阿道夫广场（Gustaf
Adolf Square）上，那里有一座新古典主义风格的建筑，它始于 17
世纪尼科迪默斯·特辛（Nicodemus Tesin）的设计，并在 19 世纪
进行了两次扩建。原有建筑以一座开放型的庭院为中心，而阿斯普

---

[13] The works of Wrede, Caldenby and Hultin, op.cit. 此书为该建筑的源起提供了很好的背景介绍。
彼得·布伦德尔－琼斯在他的文章中，做了特别详细的论述，参见 Dan Cruickshank (ed.) *Masters
of Building*, op.cit. 它又以修订的形式转载于 Peter Blundell-Jones, *Modern Architecture Through Case
Studies*, Architectural Press, Oxford, 2002。对阿斯普伦德的生活与工作进行了权威性概述的著述，
现在可参见 Peter Blundell-Jones, *Gunnar Asplund*, Phaidon, London and New York, 2006。

朗德的设计——经历过多个阶段——将增建房屋围合起来，形成了位于北侧的第二座庭院。这座庭院采取了一个变化的形式，而且有的地方设有天窗，有的地方为屋顶，各不相同。到 1925 年为止，该法院所有早期方案设计都是采用新古典主义的手法。然而就在那一刻，项目被延期了九年。于此期间，阿斯普朗德发展了他对于现代主义的独特表达。这对最终方案产生了决定性的影响，再没有比这更明显的了——建筑对环境问题做出了回应。

该设计的巧妙之处在于，阿斯普朗德在新增建一侧展现了现代主义风格的通透特点，以区别于原有建筑古典主义的敦实性。从平面图上看，其一目了然，原有建筑的承重结构体量粗壮，它与精致优雅的扩建部分——其结构框架清晰可辨——形成了对比（图 3.6）。

通过拆除原有建筑北翼的房屋，以玻璃和骨架结构的楼梯厅取而代之，阿斯普朗德将开放式庭院与新增的三层通高的入口门厅——大厅——建立起一种直接的视觉联系。但更重要的是，它把阳光引进新的建筑中心。当仔细阅读建筑剖面图的时候，我们看到位于大堂顶部的朝南天窗是如何将瀑布般的阳光引入室内，从而使最远处、北侧的房间明亮起来（图 3.7）。

建筑室内阳光明媚，它有力地表明了在这个北纬地区阿斯普朗德对光线的深切敏感。楼梯厅尽可能地做到透明。细长的窗棂一点也遮挡不住肆意挥洒的阳光；钢柱被包裹成圆形，显得很柔和；楼梯从建

图 3.6（左图）
阿斯普朗德设计，哥德堡法院，首层平面图展现了原有建筑北侧的扩建部分

图 3.7（右图）
阿斯普朗德设计，哥德堡法院，剖面图向西看，展现扩建部分通透的楼梯厅以及朝南的采光天窗

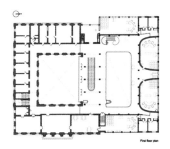

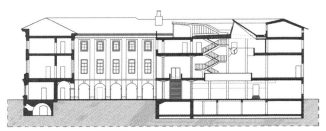

图 3.8（左图）
阿斯普朗德设计，哥德堡法院，二楼室内展现出通透的楼梯厅

图 3.9（右图）
阿斯普朗德设计，哥德堡法院，中心大厅，展示阳光透过南立面与天窗射进室内

筑结构上精心地悬挂下来，栏杆则采用薄薄的抛光金属杆（图 3.8）。

　　大厅空间进一步展现了阿斯普朗德掌控南向阳光的能力。令人释然的是，屋顶天窗如此简洁，它由传统的、工厂所采用的北向光转变为朝南向开启（图 3.9）。它将一片强光畅通无阻地引入到大厅的北端。天窗内壁与三楼的天花板和墙壁都被刷上了白漆，它以强有力的初次反射光来增强室内照明效果。于是，反射光能够照射到一楼和二楼阳台栏杆与底部墙壁的松木镶板上。该镶板采用的是俄勒冈（Oregon）松木，显得暖洋洋的。由此整个大厅被笼罩在一片温暖的光芒中，随着太阳由东向西，包厢正面的柔和曲线与审判室的外壁因光影图案的不断变化而生动起来。

　　如同在斯德哥尔摩图书馆一样，该大楼的人工照明对其建筑概念来说是绝对不可或缺的。斯图尔特·弗雷德（Stuart Wrede）先生曾经提出——似乎很有道理——从楼梯厅柱子上悬挂下来的成对的白色玻璃灯，象征着正义的天平。[14] 它们同样有助于强化楼梯厅开放式结构与大厅的围合结构之间的差异。天黑之后，这些灯在空间中投射下柔和的、相互重叠的光晕。在大厅的主要区域，向上的射灯沿着线条等距排布；它们立在通长的滑轨上，有如"一连串的珍珠"[15]，而滑轨处于挑廊白色天花板的下方。在三楼走廊，乳白色圆盘状的灯镶嵌在白色的墙面上。与"正义的天平"之灯不同，其

[14] Stuart Wrede, op. cit.
[15] 该术语引自一本小册子《哥德堡法院的历史》（*The History of the Gothenburg Law Courts*），在该建筑中仍可使用。

主要是用来照亮空间，其他的这些灯具则让它们的光线投向围合部分的表面，投向了材料。

尽管在建筑史上很少被提及，但这座建筑的热环境构思与其照明一样细致周到。整座建筑在新旧两部分都安装了一套全新的系统。[16]它兼具热水与暖气的分配系统，以满足不同空间和功能的差异性需求。地下室的机房配备了锅炉、通风设备与控制器。

在老建筑的大多数房间以及新增一翼建筑的地下室与屋顶阁楼中，用来供暖的简单散热器放置于窗户底下。但在老建筑的会议厅以及新增建筑的所有其他部分，都是采用"克里托尔"（Crittall）型吊顶辐射供暖系统；该系统采用热水循环，通过天花板供暖非常隐蔽。它显然成为这些房间的一个重要组成部分，尤其是在法庭室，否则那里完整的松木镶板墙面早就被显而易见的散热器打破了。

大堂则由暖空气供热，它通过一条位于大理石地板边缘与南向大窗窗框之间的窄槽供应，一点都不凸显（如图 3.10）。传送暖气的管道排布于地面层楼板的边缘。暖空气从大堂穿透散热格栅到达相毗连的房间，然后再由位于阁楼的风扇排出。

图 3.10
落地大窗窗台的进风槽细节

在冬季，该建筑的热环境经过精细地校准，以满足不同空间及其功能的具体要求，无论是私人办公室、法庭还是恢宏的大堂。在所有的地方，建筑设备都被谨慎地整合进建筑之中，没有明显的外露设备。

在斯德哥尔摩图书馆，阿斯普朗德将强烈的环境敏感意识融入进传统的古典主义构图游戏之中。然而在哥德堡，

---

[16] 该信息出自小册子 *Göteborgs Rådhus*, Rådhusbyggnadskommittén, Göteborg, 1938。

随着建筑语言的转变——当时他已经从古典主义风格转向了现代主义——环境成为一个整体。但这绝不是一种机械论的环境，它将环境品质组织好，使得建筑无论是在公共空间还是私密领域都适宜栖居。正如斯德哥尔摩图书馆的阅览厅一样，其鼓座上开启的竖条窗将阳光打在圆筒形的墙面上；然而在哥德堡，透明的楼梯厅与敞亮的天窗为建筑带来丰富而复杂的光影形态。它成为一场将外部环境——大自然——纳入进城市中心的表演。这一事实确立了阿斯普朗德与阿尔托之间更为密切的联系——他们作为 20 世纪建筑学中一种另类环境视野的创新者。

阿尔托的另一种环境

当你在城市环境中看到他的建筑时，你会惊讶地发现：他如何成功地将大自然的原则引进人造环境当中，他的线条如何伴随着生物的呼吸而颤动，他的形式是怎样遵循复杂的心理需求。然而，当你见到他的作品位于乡村环境中时，会惊讶于他成功地将某种城市文化融入进维尔京群岛的风景之中……跨越旧海湾连接着人与自然的桥梁指明了它们的共通之处，它可能就是阿尔托的另一种环境之核心。[17]

在阿尔托《作品全集》第一卷的导言中，戈兰·希尔特（Göran Schildt）用优美的语言概括了“阿尔托的另一种”之精髓，其作为人与自然之间的联系而存在。“城市环境”与“自然原则”、“城市文化”与“维尔京群岛景观”之间的相互关系，正是阿尔托创作方法的关

---

[17] Göran Schildt, introduction to Hans Girsberger and Karl Fleig (eds), *Alvar Aalto: The Complete Work*, vol. 1, Birkhauser Verlag, Basel, Boston, Berlin, 1963.

键，从而得以诠释并理解他的作品。在阿尔托对芬兰这种北方气候的具体回应中，这些特质尤为明显。漫长的夏日白昼，在其城市与乡村建筑项目的形式和细节当中获得了颂扬，而黑暗且寒冷的冬日之诉求也同样如此。

当谈论到阿尔托建筑作品的环境品质时，《建筑的人性化》（The Humanizing of Architecture）[18]这一篇文章为我们提供了基础。文章中，阿尔托在讲述帕米欧疗养院设计过程中自己所进行的研究，他说道："建筑研究可以越来越有规律，但它的实质却永远不可能完全分析清楚。在建筑研究中，总会出现更多的直觉与艺术。"

科林·圣约翰·威尔逊进一步阐述了这一点，并指出：

> 我们从阿尔托的作品当中发现，自20世纪20年代末开始，其创作具有一种"冲击力"；它的新颖性、专业严谨程度以及对技术的想象力，综合形成了一种明显属于它自己的创新形式。例如，通过阿尔托对帕米欧的结核病患者之需求所做的分析与解决方案，我们可以发现，这个研究性案例与他同时代人提出的理想化与抽象化的功能主义模型，有着不同的秩序。[19]

威尔逊描述了病房的环境细节，是如何进行设计以"缓和病人的紧张情绪以及满足特殊的需求"。这一意图被转译为一套复杂的装置，其中由自然光、太阳直射光和通风，再辅以经过专门设计的灯具和辐射型吊顶采暖[20]共同构成，"相关细节以一种前所未有的紧凑

---

[18] Alvar Aalto, "The Humanizing of Architecture", first published in *Technology Review*, 1940, reprinted in Göram Schildt (ed.) *Sketches*, op.cit.

[19] Colin St John Wilson, "Alvar Aalto and the State of Modernism", in Kirmo Mikkola (ed.), *Alvar Aalto vs. the Modern Movement*, Proceedings of the International Alvar Aalto Symposium 1979, Kustantja Rakennuskirja Oy, 1981.

[20] 难道阿斯普伦德设计的哥德堡项目中采用的吊顶采暖设备就是源于此处？

感，满足了整体性生成的新颖形式"[21]。

我们已经看到，当阿尔托在描述维堡图书馆（1927—1935年）的设计理念时，他是如何提及隐喻般的"梦幻山地景观"。但同时，他也宣称：

> 与一座图书馆相关的主要问题是人的眼睛……眼睛只是人类身体的一个微小部分，但它却是最敏感或许也是最重要的部分……当在阅读一本书时，我们的思想和身体会同时沉浸在一种莫名的专注之中，而建筑的责任就在于为其消除所有的干扰因素。[22]

在维堡（图书馆）阅览室，阿尔托为其照明需求所做的节点分析众所周知，它包括自然照明与人工照明（图3.11和图3.12）。以几何形状阵列排布的采光天窗，其精确地以52°太阳高度角作为依据，即这一纬度夏至日中午太阳的高度角。这是为整个阅览室进行

图3.11（左图）
阿尔瓦·阿尔托设计，维堡图书馆，关于阅览室采光的研究性草图

图3.12（右图）
阿尔瓦·阿尔托设计，维堡图书馆，人工照明分析

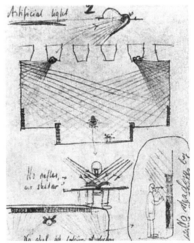

[21] Colin St John Wilson, "Alvar Aalto and the State of Modernism", op.cit.
[22] Alvar Aalto, "The Humanizing of Architecture", op.cit.

无影照明设计的第一步：

> 从理论上讲……光线从四面八方漫反射到达翻开的书本上，从而避免了白色书面上的眩光射入人的眼睛……同样，无论读者坐在哪里，这种照明系统都能消除阴影。[23]

在冬季没有阳光的日子里，人工照明装置旨在重现类似的环境。室内顶棚的灯具采用了抛物线形的反光罩，并被置于与天花板齐平的高度，它将光线广泛地投射到书柜上部的白色墙壁。墙壁因此变成了漫射型的辅助光源，照亮了整个房间。

该建筑也采用了一套复杂的供暖与通风系统。其管道网络将热空气与新风从地下室的机房输送到所有重要的空间。它的范围可以从施工图中看清楚（图 3.13）。在阅览室中，暖风系统末端的格栅位于墙壁的上部，它再以一种隐蔽式的辐射供暖系统进行补充——从图书馆建造过程的照片中，我们可以清晰地看到。热水盘管填充了屋面板上天窗与天窗之间的剩余空间（图 3.14）。

马克·特赖布（Marc Treib）等人曾经写过文章，探讨有关阿尔托建筑中的"内在景观"（the landscape within）[24]，这一理念是将

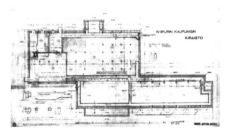

图 3.13（左图）
阿尔托设计，维堡图书馆，平面图展现通风管道

图 3.14（右图）
阿尔托设计，维堡图书馆，建造中的阅览室展示出吊顶内的采暖系统

［23］Alvar Aalto, "The Humanizing of Architecture", op.cit.

［24］Marc Treib, "Aalto's Nature", in Peter Reed 1 (ed.).*Alvar Aalto:Between Humanism and Materialism*, The Museum of Modern Art, New York, 1998. See also Göran Schildt, "Comments on Alvar Aalto's Introduction to the Villa Mairea", *Villa Mairea* 1937-1939, Guidebook, Mairea Foundation, Noormarkku, 1982.

图 3.15
阿尔托设计，维堡图书馆，阅览室。请注意灯具凹入天花板，送风口格栅位于墙壁的高处

一种外部自然的感觉转换至建筑的内部。在维堡图书馆中，尤其是在其阅读室内，我们能够找出其隐喻性的"梦幻山地景观"与宁静、明亮的建筑这两者之间的联系；而它的实现借助了建筑技术的手段，即可见的照明源以及隐蔽的采暖与通风口（图 3.15）。

1936 年 8 月，艾诺与阿尔瓦·阿尔托搬进了他们为自己设计的住宅兼工作室，其位于赫尔辛基郊区蒙其聂米（Munkkiniemi）地区的里赫蒂（Riihtie）20 号[25]。作为建筑师，在阿尔托漫长的一生当中他建造的独户住宅相对较少[26]；不过，正如通常的情况一样，这座建筑的一个特点就是尺度小巧。尤哈尼·帕拉斯玛注意到：

----

[25] Information from Rejna Suominen-Kokkonen, "The Ideal Image of the Home", in Juhani Pallasmaa (ed.), *Alvar Aalto Architect,vol.6: The Aalto House 1935-1936*, Alvar Aalto Foundation/Alvar Aalto Academy, Helsinki, 2003。此卷本提供了丰富的文献资料，有关该建筑的概念、建造以及生活起居。

[26] The three volumes of Hans Girsberger and Karl Fleig (eds), *Alvar Aalto: The Complete Work*, op. cit. 作品集仅仅列举了以下六座为私人业主建造的"独户"住宅：阿尔托住宅（Aalto House），赫尔辛基，1935—1936 年；玛利亚别墅（Villa Mairea），诺尔马库，1938—1939 年；穆拉特萨洛（Muuratsalo）避暑住宅，1953 年；卡雷别墅（Villa Carré），法兰西岛（俗称大巴黎地区），1956—1959 年；科科宁别墅（Villa Kokkonen），耶尔文佩（Järvenpää），1967—1969 年；希尔特别墅（Villa Schildt），塔米萨里，1969—1970 年。马尔库·拉赫蒂（Markku Lahti）在《A+U》1998 年 6 月刊介绍阿尔瓦·阿尔托住宅时，他提出"阿尔托设计了近百座独户住宅，而且其中有超过一半的方案建成了"。这份珍贵的资料，囊括了吉尔斯贝热与弗莱格每年所忽略的作品，即为工厂经理所设计的住宅，例如那些位于拜米欧的苏尼拉纸浆厂住宅（the Sunila pulp mill）与思索 – 古泽特公司住宅（Enso-Gutzeit），以及最后是阿尔托为标准户型从事的漫长的系列设计。尽管如此，阿尔托为私人客户设计的住宅，包括他为自己及家人设计的两座房屋，凭借其实验性的探索，都获得了独特价值。

它低调、不夸张、很舒适并且气氛轻松，阿尔托住宅相当令人惊叹。它清楚地揭示出阿尔托对正统现代主义思想、概念与形式特征进行的排斥，而追求一种居家的舒适性及感官乐趣。阿尔托夫妇不是去创建一种惊人的形式与视觉展示品，而是选择去唤起根深蒂固的居家传统与历久弥新的家庭快乐。毫无疑问，当时房屋建于田园牧歌式的环境当中，它也流露出一种乌托邦式的以及富有远见的心态……要是在今天，想必它不会显得如此的低调与适度。住宅取消了坡屋顶——坡屋顶是居家生活的主要象征，然而其采用的平屋顶形象……必然引起惊讶和怀疑……阿尔托住宅是阿尔托夫妇创作转型的一个关键作品，即从理性主义、功能主义的理念与美学转向了具有他们个人化与特质的，复杂、多层次以及感性的艺术表达。[27]

在这篇文章中，该住宅为我们提供了宝贵的价值，我们得以洞察阿尔托对于北方气候特定品质的理解，也揭示出赋予这种"个人化与独特性"表达的手段。

建筑基地位于里赫蒂，它为一种与气候环境相关的建筑设计提供了理想条件。场地处在道路的南侧，起伏的岩石地形朝南倾斜，因而得以眺望一片开阔的空间，今天这里依然如此。它允许住宅可以最大限度地利用太阳光为其主要房间提供照明，并且进行采暖，然而不影响其隐私。住宅内部的规划优美地体现出了这一点；通过微妙地控制楼层之间的高度，阿尔托巧妙地处理了住宅与工作之间的关系（图 3.16 和图 3.17）。

对于北欧国家所采用的 L 形建筑平面，帕拉斯玛曾这样评价其

---

[27] Juhani Pallasmaa, "Rationality and Domesticity", in Juhani Pallasmaa (ed.), *Alvar Aalto Architect*, vol.6, op.cit.

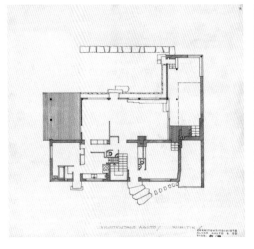
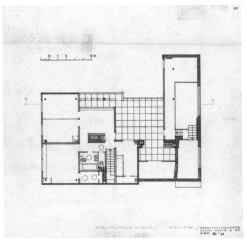

实用性，"它源自于人们尝试着回应这些环境条件，如基本方位与太阳、进入基地的方向、视野以及公共区域与私人领域之别"[28]。其实用性从住宅的平面图就能一目了然，但同样清楚的是，它不只是简单地采纳了传统格局。地面层的平面图显示，住宅围绕着东西方向的脊柱墙（spine wall）来组织，这面墙壁由清水砖砌筑，并进行刷白。住宅北侧的房间安排了服务性的功能：车库、办公室、接待室、厨房、佣人房；而主要的活动空间，即双层高的工作室、客厅以及带顶棚的露台位于住宅南侧。工作室和起居室都设置了开放式的壁炉，它们就嵌在脊柱墙里。在住宅的一层平面中，占主导地位的脊柱墙受到一定程度的简化，因而建筑平面变得更自由；但烟囱与管道井将脊柱墙保留了下来，它们从楼下向上延伸并且与楼上大厅的生砖壁炉相毗邻。在活动室的外面有个以瓷砖饰面的平台，在其转角处我们可以看到另外一座小型壁炉。

　　带壁炉的脊柱墙与朝南的阳光房之间相互关联，令人想起了住宅建筑的深厚传统以及它对大自然做出的回应。正如今天芬兰人

---

[28] Juhani Pallasmaa, "Rationality and Domesticity", in Juhani Pallasmaa (ed.), *Alvar Aalto Architect*, vol.6, op.cit.

们所预期的那样，这所住宅包含一套整体的集中供热系统——它很简洁，而且通过热水散热器直接体现出来，散热器就位于大部分窗户的下面。这才是主要的实际热源，瓷砖壁炉则成为温暖的象征。在工作室中，砖制壁炉、通往图书室的台阶以及进出阳台的原木梯三者之组合，暗示了乡土建筑的材料与形式（图3.18）。而起居室的壁炉则是位于白色砖墙之上的一个简易深凹龛，它的砖炉膛较高，突出于墙壁（图3.19）。

图 3.18（上图）
阿尔托住宅，工作室内部显示出壁炉和阳台楼梯

图 3.19（下图）
阿尔托住宅，起居室从西面朝工作室看

图 3.20
阿尔托住宅，从东南方
向看过来

　　住宅的南立面经过精心设计，以便创造出一种室内向室外延伸的空间序列（图 3.20）。客厅与工作室都与水平状的露台相连接，它正处于场地自然轮廓之上。餐厅也有一个门可以直接通往覆盖顶棚的露台，即位于建筑的东南角。[29] 住宅的一楼平面围绕开放式的露台组织，露台从楼上大厅的位置敞开。它也可以从工作室的阳台进入，再经过一个看似危险的梯子和一个小天窗，从图书馆的小窄道通向露台覆盖着顶棚的部分。[30] 这就建立了一个多样化、有遮蔽、阳光温暖的空间序列，住宅内的生活也就获得了延伸，能享受宝贵的阳光带来的益处。因为在这一北纬度地区，阳光以低角度倾斜照射。可以想象，在那漫长、明亮的夏日夜晚，阿尔托夫妇逗留在这光线充足的露台之上，久久不忍离去；它几乎再现了原始棚屋的状况。建筑的剖面图揭示，场地的自然轮廓——即南低北高的坡地——是如何穿

----

[29] 后来别墅的佣人住宿部分向外扩展，占据了露台的一部分，因此这种联系有所改变。
[30] 据说这是阿尔托所设计的疏散通道，以避免碰见那些不受欢迎的访客。

越露台延伸进来，将自然与景观带入建筑当中，创造出了一种"内在的景观"。

就在阿尔托完成自宅的第二年，他接到一个委托项目，并创作出 20 世纪最伟大的建筑作品之一——玛利亚别墅。该别墅是为他的朋友玛丽与哈里·古利克森设计，位于诺尔马库（Noormarkku），靠近芬兰西海岸波的尼亚湾（Bothnia）。[31] 戈兰·希尔特曾讨论过阿尔托住宅与玛利亚别墅之间的联系，基于两者共同的物质性，"他喜爱木材、瓷砖以及金属铜"[32]。但我们也可以追溯这两座建筑之间的环境传承关系。

在玛利亚别墅的"建筑说明书"中，阿尔托夫妇写道：

> 别墅独自位于一座小山之巅……建筑周边是一片连续的针叶林，并被这片树林隔绝开来……住宅中心区则由一座草坪庭院和游泳池构成，环绕它的三条边分别有客厅、阳台以及桑拿等房间。[33]

正如我们已经指出，位于里赫蒂的这块基地恰恰为阿尔托自宅的设计提供了理想条件。场地北侧为道路，其坡度朝南，这两者结合得非常理想。在位于诺尔马库的广阔森林地带，建筑的方位选择本来就没有太多的限制，然而经过验证，它显示出阿尔托是以同样的精度进行设计的。

玛利亚别墅的主体——正如帕拉斯玛所发现的那样——与阿尔托的自宅之间存在着联系，它是适应北欧乡土环境的 L 形建筑平面

[31] 许多学者都研究过玛利亚别墅，主要参考资料来自 Juhani Pallasmaa (ed.), *Alvar Aalto: Villa Mairea,* Alvar Aalto Foundation/Mairea Foundation, Helsinki, 1998. Other sources include, by Richard Weston: *Villa Mairea: Architecture in Detail,* Phaidon, London, 1992; *Alvar Aalto,* Phaidon, London, 1995; and "Between Nature and Culture", in Winfried Nerdinger (ed.), *Alvar Aalto: Toward a Human Modernism,* Prestel, Munich, 1999. 爱德华·R. 福特研究了该建筑的构造细节，参见 Edward R. Ford, *The Details of Modern Architecture,* vol.2, MIT Press, Cambridge, MA, 1996。

[32] Göran Schildt, "Comments on Alvar Aalto's Introduction to the Villa Mairea", op.cit.

[33] Aino and Alvar Aalto, 'Mairea', Architectural Description, *Arkkitehti*, no. 9,1939.

的一种变形（图3.21）。这是其根本，因此别墅的主要一翼通过其东南、西南以及西北朝向的外立面而享受到一整天的阳光——这一部分在地面楼层，包含客厅、图书馆和冬季花园，其上部则是主卧室套房以及玛丽·古利克森（Marie Gullichsen）的工作室。别墅另一侧翼的上部是餐厅和露台，它可以接收下午与傍晚的阳光。草坪庭院和游泳池——它们被房屋主体与桑拿房遮蔽——面对午后的阳光和夕阳。

敞厅区域构成了别墅的主翼，其面积大约有14平方米，从地板到天花板高为3米。它的结构和空间组织基于一种不规则的3米×3米的网格。从这个简单的机制，阿尔托建立起一种丰富与复杂的空间序列。哈里·古利克森图书室的围墙问题已被广泛地讨论过。[34] 随着这个问题最终获得解决，研究者发现它位于别墅东北角"独立"区域的背后，从那里可以俯瞰房子的入口。其斜对面，即别墅西南角，是一座冬季花园。一堵白色的砖墙——从材料上——断然将它界定了出来，这令人想起阿尔托自宅的脊柱墙；从白砖墙上伸出一个

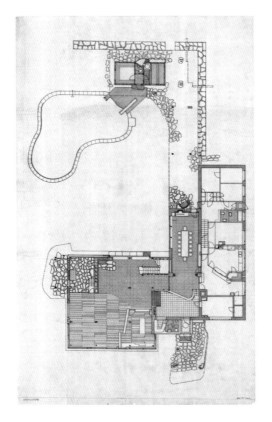

图 3.21
玛利亚别墅，地面层平面

---

[34] See Richard Weston, *Villa Mairea: Architecture in Detail,* op.cit.

图 3.22（上图）
玛利亚别墅，客厅南角
的就座区域

图 3.23（下两图）
玛利亚别墅，大厅内的
壁炉角

醒目的、经过抹白的烟囱，并带有开放式的壁炉。其余部分空间，被划分为两个截然不同的部分，它们由地板面层之变化微妙地区别开来；由外至里，地面材质从瓷砖变为木材（图 3.22 和图 3.23）。

　　玛利亚别墅的外墙，尤其是玻璃幕墙，与建筑内部砌筑体和壁炉之联系在这里获得了进一步的发展，这种联系我们曾在阿尔托自宅中见到过（图 3.24）。另外，别墅的供暖与通风技术设备发展成为一种全新的成熟水平。在这里，壁炉并非直接安置于脊柱壁上，而是正对着朝南的窗户，它占据了住宅格局中非常特殊的位置。

图 3.24
玛利亚别墅,从南面拍
摄,显示外部百叶窗和
遮阳棚

在别墅底层平面,客厅壁炉为一个 L 形的小型构筑物,它与白色砖墙毗邻。壁炉与朝向庭院的窗户之关系如下:居住者可以同时享受到壁炉的辐射热以及庭院美景。他也可以从对角线方向看过去,穿过大厅其余部分的室内场景,欣赏到外部四周的森林景色。如同阿尔托自宅一样,壁炉也可以从楼上的大厅空间中找到,它主卧室套房相邻;另一个例子就在玛丽·古利克森的工作室,那里有一个满贴瓷砖的小型壁炉。所有这些壁炉的烟道都集中位于砖墙内。在房子的另一端,有一个砖制的壁炉占据着餐厅端墙的主要位置,它与开放式露台之下毛石砌筑的室外壁炉共用一个烟道粗筛系统。

所有这些壁炉都能真实地提供热源,但这所房子有一个集中式供热与机械通风的扩展系统,它在室内环境构思与居住方面都是重要的组成部分。在阿尔托夫妇所发表的"别墅设计说明"中,他们写下大段的文字来描述对该房屋室内环境问题所做的技术设计:

大客厅空间的通风管道布置在混凝土楼板与悬挂其下的松木天花板之间——以松木条作为通风过滤片（有52 000条过滤缝隙）——它将净化过的空气均匀分布于整个空间。大部分房间都装有空调，它为房间提供了一部分热量。某些窗户采用的是推拉窗，这样做是为了在冬季能够通过各种设备来提高绝热效果。别墅的部分外墙采用了一种可移动的推拉系统，因此"住宅可以完全向花园开敞"。[35]

用来分隔客厅与冬季花园的白色砖墙是一个由供水与回水管道组成的复合体，它服务于客厅和工作室。[36]在住宅服务性的那一翼，其底部有座地下室，里面容纳着一座锅炉房和一座泵房（图3.25）。从这里，由水管与风管组成的一套网络贯穿于整座房屋。克里斯蒂安·古利克森（Kristian Gullichsen）在回顾他第一次参观玛利亚别墅的经历时——当时他只是一个7岁的男孩——他这样写道：

说真的，我必须承认最让我着迷的是锅炉房。我会骄傲地向任何对此有一点点兴趣的人展示它。水泵和管道潺潺的水声，再加上两座大锅炉，为在世界七大洋中梦幻般的冒险提供了完美的道具。[37]

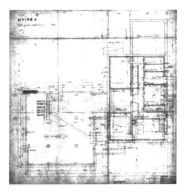

图3.25
玛利亚别墅，地下室的施工图显示出锅炉房、泵房以及配风管道

[35] Aino and Alvar Aalto, op.cit.

[36] 关于此装置的笼统描述，参见 Edward R. Ford, *The Details of Modern Architecture*, vol. 2:1928-1988, op. cit.

[37] Kristian Gullichsen, "Foreword" to Juhani Pallasmaa (ed.) *Alvar Aalto: Villa Mairea*, op. cit.

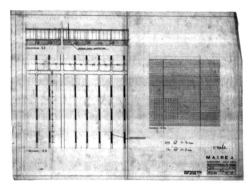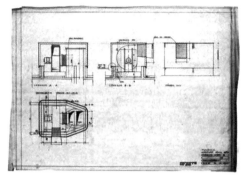

图 3.26（左图）
玛利亚别墅，客厅天花板的施工图，显示出通风槽

图 3.27（右图）
玛利亚别墅，屋顶风机室的施工图

起居室的暖气由松木天花板上部的增压箱提供，阿尔托夫妇曾提到过，它有 52 000 条狭槽（图 3.26）。在紧靠壁炉的砖墙之上部有木格栅的进风口，暖空气正是从此处导入室内，木格栅可以用拉杆打开或关闭。类似的格栅也存在于冬季花园和工作室。大壁炉本身配备有一个精制的机械阻尼器，用来控制气流。[38] 通风系统的末端有两间屋顶风机房，它们低调地融入进日式枯山水庭园（图 3.27）。此外，住宅还有一套传统的集中供暖设备，它通过位于窗台下面的散热器向所有房间供热。而在其他地方，热水管则被置入楼板内，处于与地面齐平的金属格栅之下方（图 3.28）。

该别墅是如此平静而且传统，建筑的主体被抹上白色涂料，并在墙面上开启洞口。与之形成对照的是，其方形敞厅的外围护结构是环境设备的一项力作——它不分季节和昼夜——在外部环境与内部环境之间进行调节。

我们的讨论，以关注该别墅的布局及其几何关系这一精彩的构成作为开始。在其文章《住宅作为一个问题》（The Dwelling as a Problem）[39] 当中，阿尔托写道：

　　住家是一个领域，它应当为就餐、睡眠、工作与游戏

[38] 关于细节，参见 Richard Weston, *Villa Mairea*；*Architecture in Detail,* op.cit。
[39] Alvar Aalto, "The Dwelling as a Problem", *Domur,* 1930, reprinted in Göran Schildt, op.cit.

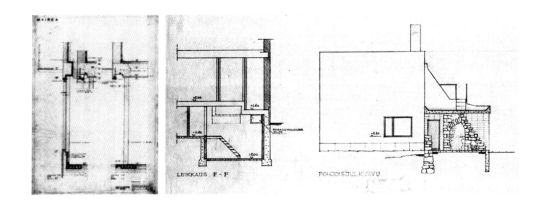

图 3.28
玛利亚别墅，施工图详
图，显示外维护部分的
供暖设计

提供庇护场所。这些生物动态功能应该作为住宅内部分隔
的出发点，这里不存在任何由立面建筑师所决定的、过时
的对称轴或者是"标准间"。

    上面这些原则是玛利亚别墅设计的基础。该建筑平面为正方形
边长大约 14 米，敞厅（pavilion）空间相当深。与萨伏伊别墅进行
比较，可以看到萨伏伊别墅的外轮廓为 19 米 × 21.5 米，其闭合性
的空间包围了露台与客厅[40]；而玛利亚别墅的长边恰好为 14 米，进
深仅 6 米，它有三个侧面可以采光。一个进深有 14 米、天花板高为
3 米的空间似乎比较幽暗，这在北纬地区尤其如此。然而阿尔托巧
妙地安排了特定之用途——即"生物动态学功能"——以确保敞厅
的四周总是可以接触到阳光。它还划分出了"窗口空间"和"火膛
空间"这两种情况，它们存在于乡土住宅当中。住宅南部船头状的
空间，实际上是一个巨大的、充满阳光的飘窗；它安装了多层木百
叶帷幕，以调控阳光。在晴朗且寒冷的日子里，这里可享受到阳光
的温暖；在夏季，当窗户开启之后它又成为一个露台。相反，大壁
炉则定义了一个完全不同的场所，其范围以热辐射可以到达之处为
界。这是一个令人舒适的角落，一个夜间场所，一处冬日之居。

---

[40] 参见本书第 2 章，其尺寸来自于发表的建筑平面，参见 *CEuvre complète,* vol. 2, Les Editions
d'Architecture, Zurich, 1934。

敞厅空间，事实上整座建筑，都是精确地以阳光入射的几何关系为准则，然而在这个地理纬度——即北纬 61.5°——春分或秋分的中午，地平线以上的太阳入射角只有 28°。在盛夏，太阳从凌晨 2 点 30 分至晚上 9 点 30 分都位于地平线以上，而日出和日落与正北方向的夹角只有 30°，中午的太阳高度仅有 52°。[41]这意味着，阳光能够抵达室内深处，照亮平面的核心位置。在这里阿尔托展现出他对芬兰自然地理的深刻理解，并且付之于实践。太阳高度角如同森林与湖泊这些元素一样重要，正如 1955 年他在维也纳演讲中所提到的。在首层平面，该住宅展示了更为多样的遮阳设施，可调节的遮阳篷以及固定的、棚架式的格栅——以遮蔽不同类型的卧室窗户。

阿尔托夫妇曾写过一篇关于"与现代绘画的刻意联系"的文章，文中介绍了玛利亚别墅的建筑情况。[42]理查德·韦斯顿（Richard Weston）进一步发展了这一思想，他参考了布拉克（Braque）发明的拼贴手法，提出了一种"拼贴的线构成"式的建筑方法。[43]然而，正如阿尔托夫妇所坚持的那样，这是艺术在建筑上的运用，"与结构相协调……和……就其本质而言是对人的关怀"[44]。所有的环境控制要素，机械通风、壁炉、集中供热、门窗、窗帘、遮阳棚、百叶，都在这一拼贴当中发挥了作用；但是，除此之外，占据绝对中心位置的应该是为家庭生活创造出一个丰富的环境。

珊纳特赛罗市政厅竣工于 1951 年 12 月。该项目由芬兰中部派延奈湖（Päijänne）岛屿上的一座社区委托，这个社区居住了 3000 位居民。阿尔托将其形容为"派延奈湖的一处塔希提岛"[45]。除了容纳市政管理功能、会议室和议会厅之外，房屋还设有一家公共图书

［41］与之相比，伦敦太阳入射角为 38°，纽约为 50°，而伦敦和纽约的纬度分别是北纬 51.5° 和 40.5°。

［42］Aino and Alvar Aalto, op.cit.

［43］Richard Weston, *Villa Mairea: Architecture in Detail,* op.cit.

［44］Aino and Alvar Aalto, op.cit.

［45］Alvar Aalto, "Kunnantalo, Säynätsalo", in *Arkkitehto,* 9/10, 1953, reprinted in *Kunnantalo / Town Hall, Säynätsalo,* Alvar Aalto Museum,Jyväskylä,1997.

馆、一些商店、公寓和客房。这座建筑优雅地体现出了戈兰·希尔特的观察，即阿尔托有能力将"城市文化"带进"维尔京风景"当中。建筑坐落在森林中的一块空地上，它既是一栋建筑，又是一座微型城市。它还是阿尔托在形式发展以及实现建筑细节方面，驾轻就熟地回应环境的一个论证。

这座庭院有两个转角是打开的，其形式精确地考虑了与方位之联系（图 3.29 和图 3.30）。它的轴线相对于正北方向稍微有所偏转，大约偏西 15°。建筑地基施工时挖掘出来的泥土，被用于抬升庭院地面，使其达到首层的高度。用阿尔托的话来说，这是为了安置行政

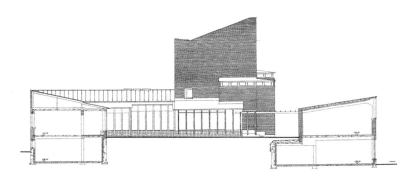

图 3.29（上图）
珊纳特赛罗市政厅，建筑剖面向东望

图 3.30（下图）
珊纳特赛罗市政厅，庭院楼层平面图

楼，"由房间围绕着庭院，使其远离了商业场所令人不快的影响"[46]，但它也创造出了显著的环境效益。

通过创造这个人工化的底层地坪——它位于建筑平面之中心，而且向天空开敞——阿尔托缓解了庭院南侧与西侧的建筑对太阳之遮挡。由此，在一天当中的大部分时间里，行政管理一翼的玻璃回廊对阳光几乎没有遮蔽。图书馆的屋顶坡度为10°，屋面斜线向内庭院延伸几乎正好抵达地面与对面回廊墙的相交之处，确保了在芬兰的隆冬之际，琉璃回廊内依然阳光明媚。这些安排创造出了一种微气候的层次：观者一步步地走入其中，从建筑前的开放性场地进入到庭院的围合空间，即入口的上方、凉棚之下；最后，才进入到封闭的、阳光明媚且有集中供暖的室内。图书馆——也是从庭院位置进入——占据了整个朝南的建筑体块[47]，通过建筑外墙高大的木直棂窗，它一整天都能被太阳照射到。

该建筑有一套简洁明了的集中供暖系统，它由楼下位于西北角的机房提供服务。当你从主入口进入时，从庭院的斜对角方向就可以看见锅炉房的烟囱，也许它是对温暖之室内的一种潜意识象征（图3.31）。阿尔托花费了大量的心血将散热器融入整座建筑当中，他以多种方式满足了各个空间及其功能的特殊需求。在光线充足的回廊，散热器位于一个长条形的砖窗垛之下，它贯通了窗台的下部（图3.32）。热空气从砖窗槛和窗框之间的缝隙冒出来，此时砖自身也变热了，成为辅助

图3.31
珊纳特赛罗市政厅，
庭院与主入口棚架

［46］Alvar Aalto, "Kunnantalo, Säynätsalo", in *Arkkitehto*, 9/10, 1953, reprinted in *Kunnantalo / Town Hall, Säynätsalo*, Alvar Aalto Museum, Jyväskylä, 1997.

［47］图书室最初仅位于建筑南翼的楼上部分。1981年，通过增建一座新楼梯，图书室向楼下延伸，占据了原来位于地面层的商店空间。参见 *Kunnantalo / Town Hall, Säynätsalo*, op.cit。

图 3.32（左图）
珊纳特赛罗市政厅，
回廊

图 3.33（右图）
珊纳特赛罗市政厅，
议会厅屋顶的细节

性的热源。砖铺砌材料向地板局部地延续，它吸收了散热器的热量以延伸温暖区域的范围。回廊的后壁则暴露出砖块，它可以吸收太阳的直射光以保存其热量。这整体就是一个复杂的环境微系统，毫不费力地将自然的与机械的东西结合在了一起。

在珊纳特赛罗市政厅的议会厅中，建筑的屋架形象是整个 20 世纪建筑最为人熟知的一景（图 3.33）。这些已经被各自解释为"向上翘的手"——波菲里奥斯（Porphyrios）——或者让人想起一座"大粮仓"——昆特里尔（Quantrill）[48]；但它们都有一种重要的环境功能，即通过支撑辅助性的屋顶结构，让双层屋顶结构的内外表面之间可以不受限制地通风，这是芬兰冬天气候所必要的[49]。正如理查德·韦斯顿指出的那样[50]，这本是一件"平淡无奇"的事情，然而阿尔托天才的关键之处在于，他能将必要性的功能转变为诗意化的表达。

议会厅内有一套非常简单而且不显眼的供暖系统。标准化的钢制散热器被隐藏了起来，它就位于沿墙体布置的固定座椅的背后。暖气从这里简单地循环进入空间。在公众席位设置有一道热水盘管，它就处于座位底部木地板格栅通风口的下方。该房间内的换气，

[48] Both cited in Richard Weston, *Alvar Aalto*, op.cit.

[49] Hans Girsberger and Karl Fleig (eds), *Alvar Aalto: The Complete Works*, vol. 1, op.cit.

[50] Richard Weston, *Alvar Aalto*, op.cit.

则是通过南侧墙体上部一处开敞式的砖格构装置实现的（图 3.34、图 3.35 和图 3.36）。

图 3.34（上图）
议会厅座位细节大样。
剖面图展示座位与散热器两者之间的关系。

图 3.35（下图）
议会厅

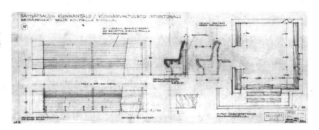

议会大厅与楼下阳光明媚的回廊和图书馆形成了鲜明的对比，无论在一天或一年当中的任何时候，议会大厅都是一处黑暗与冷峻的空间。当你从入口大堂沿着砖楼梯走上来，你正逐渐与外界分离开来；然而光线不是来自高处的天窗，就是源于灯具——它们被隐藏在对面的百叶窗挡板之上。议会厅的入口正对着的是大尺幅的网格状木百叶窗，它朝向北面。而仅有的其他日光源来自入口通道与公众席的高窗，以及主席座椅背后西墙上带挡板的精致小窗户。在大多数情况下，即一年当中的任何季节，这里都必须使用人工照明。这里所采用的灯具，是阿尔托为大批量生产所做设计的一种修改版。但在这个相对较大的房间里——这里大约17米见方——仅用了8盏灯。它们以一种螺旋上升的顺序排列，然后在主席座椅的轴线处降了下来，并在平面方向上散布开（图3.37）。光线，各种各样的光，不管是自然光还是人造光，都被深色的砖所吸收，使得该空间呈现出一种神秘的气氛，而不是一处功能化的场所。尤哈尼·帕拉斯玛曾撰文指出："议会厅的黑暗子宫……再现了一种神秘主义与神话传说般的社区意识，黑暗强化了口头表达之力量。"[51]通常阿尔托设计的建筑内部空间是如此得明亮，与之相反，此处则是一个令人惊讶的空间；它与外部自然环境分离开来，并怀着一种对当地民主运作的强烈关注。

更通俗地说，帕拉斯玛将阿尔托的作品描述为"一种感官的建筑"：

> 阿尔托更为感兴趣的是，设计对象与使用者的身体两者之间的接触，而不仅仅是视觉美学……其建筑精美的表面纹理和细节——以手工制作——激发起了让人触摸的意识，并创造出一种亲密与温馨的氛围。它不是那种空洞的

---

[51] Juhani Pallasmaa, *The Eyes of the Skin: Architecture and the Senses,* Academy Editions, London, 1996.

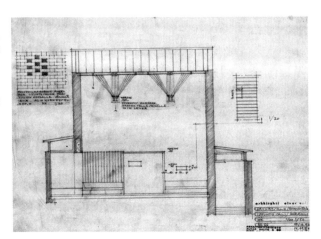

图 3.36（上图）
横切议会厅的剖面图，
显示砖砌块通风开口的
节点大样

图 3.37（下图）
议会厅人工照明的草图

笛卡尔现实主义视觉化的建筑，阿尔托的建筑是以感官现

实主义为基础……它们是感觉的集聚。[52]

阿尔托建筑的这些特性，充分地体现于我们在此所讨论的建筑

[52] Juhani Pallasmaa, *The Eyes of the Skin: Architecture and the Senses,* Academy Editions, London, 1996.

当中。就这些特性而言——我们称之为"环境"——我们已经看到这些建筑是如何不断地运用一切现代化的供暖、通风与照明手段。[53] 在大多数情况下，这些设备在当时属于此类技术之前沿。它们一直被视为是与建筑的形式及其构造，形成了精确化调控之关系以及物质性的关系。其目的是为了提供服务，而不是技术展示。阿尔托的关于"鳟鱼与山涧"[54] 的比喻，作为生物学之类比，其具体是指"建筑及其细节"的演变。但其深深地沉浸于山涧——一处栖息地——的理念，也可以用来定义阿尔托自己与他所栖居的芬兰大自然——环境——的联系。其结果是，获得了一种绝对地此时此地的建筑，而且实现了一种目的与手段独一无二的综合——真正的"另一种"环境传统。

[53] 对阿尔瓦和艾诺·阿尔托所设计的灯做出精辟的概述，参见 *Golden Bell and Beehive: Light fittings Designed by Alvar and Aino Aalto,* text by Kariina Mikonranta, The Alvar Aalto Museum, Jyväskylä，2002。

[54] Alvar Aalto, "The Trout and the Mountain Stream", op.cit.

第 4 章

"被服务"与"服务"的诗学
——路易斯·康

我不喜欢管线，我不喜欢管道。我真的厌恶它们，但正
因为我如此彻底地厌恶它们，我觉得它们必须获得自己的空
间。如果我只是厌恶它们而不予以理会，我认为它们将侵入
建筑并彻底摧毁它。我想纠正你可能会有的任何想法，认
为我喜欢上了那件事。[1]

在 20 世纪的伟大建筑师当中，路易斯·康（1901—1974 年）
脱颖而出，作为第一位明确提出并解决如下问题的人——即日益增
长的机械服务设施如何能够切实地融入建筑之组成与结构之中——
他对管线与管道的厌恶——众人皆知——被转化为对"被服务"和
"服务"空间的区分，这是他晚期作品里所存在的一贯策略。这一策
略赋予了这些建筑中的每一座以一种独特而且始终如一的形态，因
此有些评论家确认"这是他对建筑历史的主要贡献"[2]。

然而路易斯·康也是 20 世纪后期建筑的伟大"诗人"，其诗歌
的本质或许存在于他对光线——自然光——的深刻关注以及建筑形
式与材料丰富的内在联系之中。追述起来，这最简明地体现于他的
素描作品《房间》（图 4.1）。在这里，他确定了自然光在他的作品中

［1］Louis I. Kahn, quoted in *World Architecture 1*, Studio Books, London, 1964.

［2］Peter Blundell-Jones, *Modern Architecture Through Case Studies*, Architectural Press, Oxford, 2002.

的意义。他写道：

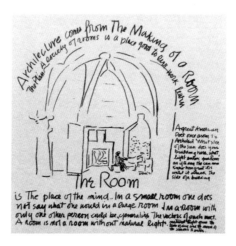

图 4.1
路易斯·康,《房间》
手稿

> 一个没有自然光
> 的房间不能称之为房
> 间，以及一位伟大的
> 美国诗人曾经问建筑
> 师："什么样的太阳
> 光存在于你的建筑当
> 中？什么样的光线照
> 进了你的房间？"——
> 仿佛在说太阳从不知道它究竟有多么伟大，直到它撞上建
> 筑的侧壁。

因此，路易斯·康作为一位伟大的建筑形态学家，我们必须一方面对他建筑的物质要素与功能配置做出明确区分；另一方面，展示他是如何超越建筑组织的、结构与设备的、"被服务"与"服务"的现实情况，以实现一种具有强大表现力的建筑。当路易斯·康进入后期丰硕的创作阶段，这种工具性与诗意的综合是其作品具有普遍吸引力的核心所在。文森特·斯库利（Vincent Scully）曾经写道：

> 路易斯·康的建筑，20世纪后期非常之精品，具有原创
> 性……它们是建造起来的。它们的要素——总是基本的、沉
> 重的——以庄严的承重体进行组合……它们的体量是柏拉图
> 式的，以圆形、正方形和三角形为基本形状的抽象几何被转
> 化成为实体……仿佛真正地凝固成了寂静的音乐和弦。它们
> 充分地运用光来塑造空间，就像世界所绽放的第一束光，刃
> 之光，花之光，骄阳和明月。它们是寂静的。我们感觉到它

们的寂静有如一个强劲之物；有些声音，一阵隆隆的鼓声，一架管风琴的鸣响，在它们之中共鸣，只是超出了我们的听觉范围。它们以寂静之声弹奏，如同上帝之存在。[3]

本章的主题是探索路易斯·康所采用的这种方法。通过这种方法，路易斯·康将他建筑的环境技术、"被服务"与"服务"空间、自然光之领域与机械系统的分区，转化为这种共鸣的诗歌。这是一个复杂的过程，尽管在他的作品当中我们可以辨认出其一贯的原则，然而路易斯·康从来都不是程式化的。他的每一个项目都是一种探索，都是一次扩展与反思，而不是一个简单的方法应用："当你在开始建造一座房屋之前就获得了它的所有答案，你的答案是不真实的。随着建筑在生长而且成为它自己，建筑自然会给你答案。"[4]

耶鲁大学美术馆（1951—1953 年）

人们普遍认为，正是这座建筑界定了路易斯·康创作与声誉的转型。布朗宁（Brownlee）和德朗（De Long）已经辨认出"厚重感的再引入"作为这一转变之核心[5]，斯库利提到他从这座大楼里面探测到了那种"阴沉与古老的张力"[6]。

当美术馆于 1953 年首次运营之际，它为耶鲁建筑学院提供了工作室以及其他用房，此外还有展览空间。事实上，在该项目的早

［3］Vincent Scully, "Introduction", in David B. Brownlee and David G. De Long, *Louis I. Kahn: In the Realm of Architecture*, Rizzoli, New York, 1991.

［4］Louis I. Kahn, lecture to the Drexel Architectural Society, Philadelphia, 5 November 1968, in R.S. Wurman, *"What Will Be Has Always Been": The Words of Louis I. Kahn*, Access Press and Rizzoli, New York, 1986.

［5］参见 "The Mind Opens to Realizations", Chapter 2 in Brownlee and De Long, op. cit。

［6］Vincent Scully, "Sombre and Archaic: Expressive Tension", *Yale Daily News*, 6 November 1953.

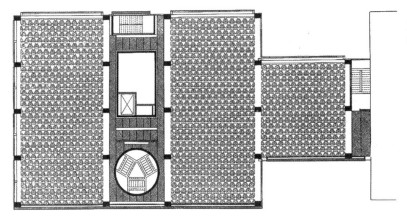

图 4.2
耶鲁大学美术馆，上部
楼层平面图

期阶段它被称为"设计实验室与展览场所"[7]。这就解释了，自从
18 世纪末以来多层楼房、侧面采光式布局以及取消屋顶天窗空间，
一直就是艺术博物馆建筑的标准。该建筑的平面简单得不能再简单
了。建筑的主体高 4 层，建筑平面采用一种 A-B-A 的布局方式，其
中开敞式的画廊空间的侧面与一个位于中央的、实体的构筑物相连
接，里面包含楼梯、电梯以及其他服务设施，其"被服务"与"服
务"显而易见。次要的建筑体量则提供了更多的展厅空间，并将该
大楼与相邻的现存艺术博物馆建筑连通起来。在上部的楼层，这种
"部件"（parti）变得绝对清晰——因为在建筑的底层需要设置建筑
入口以及管理用房，它们占据并分割了空间，而在上部楼层它们已
经不复存在了（图 4.2）。

在建筑立面中，裸露的混凝土框架结构与围护部分的关系符合
现代主义建筑的传统，符合建筑结构与围护部分相分离的一贯做法；
透过面向封闭式花园的通高玻璃幕墙，建筑的柱网清晰可见。建筑
沿街道的立面，整层高的砖板墙被限定出来，从外观来看，砖板墙
由向外凸显的石材束带条承载——它界定出各楼层并且具有滴水线

---

[7] 有关该项目进展的深入介绍，参见 Patricia Cummings Loud, *The Art Museums of Louis I. Kahn*, Duke University Press, Durham, NC, 1989。

图 4.3（上左图）
从建筑西侧看到的玻璃立面与砖墙立面

图 4.4（上右图）
路易斯·康站在耶鲁大学美术馆天花板下

图 4.5（下图）
耶鲁大学美术馆天花板的轴测分解图，展示出机电服务设备的位置

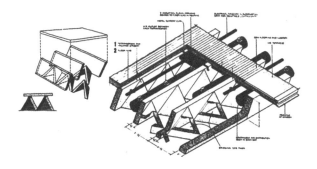

的功能。这些不开设窗户的墙面可以使建筑免受街道的喧嚣，以及早晨和下午阳光从这个方向带来的眩光与热辐射（图4.3）。

有关该建筑的许多重要讨论，都集中在四面体楼板结构以及屋顶结构上。[8] 它使得路易斯·康能够在展厅空间中为天花板建立起一致性的表达，并能够适应机械服务设备在水平方向排布。吸声材料被用作永久性的模板，它与水平板结合为一体（图4.4 和图4.5）。康解释了该设计的优点，

（1）……更轻盈的结构提供了一种更开阔的空间感……；

（2）……优越的声学特性为构筑物本身所固有；以及

（3）……更好地分配总体照明，丝毫不会影响用于特殊照明的可能。

[8] Patricia Cummings Loud, *The Art Museums of Louis I. Kahn*, Duke University Press, Durham, NC, 1989.

因此，该结构成为建筑内环境的所有机械化要素的来源，它灵活地提供了光线与空气，无论其临时性的隔断或者是展板将如何布置。其独特且原创的个性赋予了这些通常的实用性功能以意义。因此在一座具有广泛的机械服务设备的建筑当中，"被服务"和"服务"的区分第一次获得了强有力的表达。[9]

理查德医学研究大楼（1957—1965 年）

在《环境调控的建筑学》一书当中[10]，雷纳·班纳姆提出了"显露的力量"这一术语，以此定义一种现代建筑——在这类建筑中，机械服务系统的构件获得了强有力的表现。他引用联合国总部大楼门厅天花板上暴露的管道系统以及勒·柯布西耶马赛公寓（Unité d'Habitation）"壮烈与雕塑般的排气塔"作为该方法的原型；在当代的三个建筑项目中，它第一次获得了充分的表达：扎努索（Zanusso）设计的奥利维蒂–阿根廷（Olivetti-Argentina）工厂、阿尔比尼（Albini）在罗马设计的文艺复兴（Rinascente）百货商店以及路易斯·康在费城设计的理查德医学研究大楼。关于后者，班纳姆写道：

> 路易斯·康对环境服务设施进行明确的规定，为平面和立面两者提供了一种随即引人注目的面相，并立即获得了理解和赞赏。近年来，没有哪一座建筑能够在如此古老的设计方法基础之上呈现出那样新颖的氛围——值得注意

---

[9] 路易斯·康声称，特伦顿泳池更衣室是"被服务"与"服务"原则的第一次展现，参见 John W. Cook and Heinrich Klotz, *Conversations with Architects*, Lund Humphries, London, 1973。然而，与耶鲁大学美术馆相比，它的服务设施是最少的。

[10] Reyner Banham, *The Architecture of the Well- tempered Environment*, The Architectural Press, London, 1969.

图 4.6（左图）
理查德医学研究实验楼

图 4.7（右两图）
研究模型，服务性塔与
结构性框架

的是，正是因为……那本《建筑》（*l'Architettura*）杂志创造过这个词"古风技术"（Arcaismo Technologico）。[11]

关于这座建筑，按照班纳姆的说法，路易斯·康就管线和管道发出"绝望"的声明。现代科学实验室，必然是高度服务设施化的。液体和气体的大量供给以及废物的提取——通常是有毒的——需要机器以及空间来安置它们，与最奢侈的空气调控系统相比，它们在尺寸与形态上的要求则更为严格。为了给它们提供"它们自己的位置"，路易斯·康设计出了一种布局，将服务性塔楼与垂直性的结构布置于实验室楼板的边缘。这便创造出不受干扰的工作空间（图 4.6和图 4.7）。

这种预制混凝土的楼板结构为水平方向分配服务管线提供了空间，这些服务管线通过竖向管道送入或者导回。然后这些要素，通过一种近乎生物的细胞组装系统，组合形成了一个连续的平面组织（图 4.8）。平面、结构与服务管道要素的叠加——所有在外表面上的

[11] *L'Architettura*, October 1960, cited in Banham, op. cit.

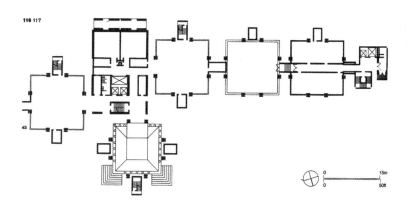

图 4.8
理查德医学研究大楼，
底层平面，展示了项目
的第一期和第二期

解读都直截了当，而且不可或缺——正如班纳姆所写下的[12]，获得了如此广泛的赞赏与仿效，以至于科林·圣·约翰·威尔逊不得不问："'服务空间'将会成为下一种装饰形式吗？"[13]

文森特·斯库利与肯尼斯·弗兰普顿都注意到，在楼板周边布置并表现服务性管道这种做法与弗兰克·劳埃德·赖特在拉金大厦（Larkin Building）中所采用的类似策略之间具有相似性。[14]这条线索显而易见，然而就在赖特建筑控制性对称的构图与路易斯·康的自由秩序之间，也存在着一种显著的差异。拉金大厦建筑紧凑而内敛，理查德医学研究大楼则分散并且开放。理查德医学研究大楼设计与施工的第一阶段是形成组——"集群"——由三座实验室塔楼与一个共享的服务性塔楼相连。后来，建筑通过在其西侧增加了另外两座塔楼，因而获得延伸。

路易斯·康用如下语言描述了其第一期项目的组织情况：

> 一座中央塔楼由 3 个主塔环绕形成组群，它占据了服务性的区域——位于正常走廊平面的另外一侧。这座中央

---

[12] Reyner Banham, op. cit.

[13] Colin St John Wilson, *Perspecta VII*, cited by Banham, op. cit.

[14] Vincent Scully, *Louis I. Kahn,* George Braziller, New York, 1962, Kenneth Frampton, *Studies in Tectonic Culture: The Poetics of Construction in Nineteenth and Twentieth Century Architecture*, MIT Press, Cambridge, MA, 1995.

塔楼安装有换气孔，用于吸收新鲜空气，排出副塔楼的污浊空气。[15]

他进一步强调："一件设计作品应该被视为是一个时代的产物。这种有关我们复杂的服务性空间的处理方式属于 20 世纪，就像一座庞贝城的设计属于它的时代一样。"[16]但这并非表面化的功能，在这里不可或缺的服务设施被转化为如诗如画的形象，功能被赋予了诗意。

这是一个令人遗憾的悖论，对于所有这一切来说——路易斯·康对机械服务要素组织方式的关注、建筑毫无疑问的地位以及该大楼后续之影响——理查德医学研究大楼中人的工作环境却被证明不尽人意。康最初提出要为大楼朝南的窗户安装百叶，但是因为成本的原因被取消了。[17]结果，南向的实验室遭受到眩光与太阳辐射热的影响，而塔楼平面也未能提供科学研究所需的空间灵活度。鉴于路易斯·康在他对这一问题的陈述中传达出对于人类与机械化环境之间差异的确切敏感，这显得尤为悲哀，当时他写道：

> 简而言之，这些原则有：你呼吸到的空气决不能与所排放的空气相接触，以及实验室里的人喜欢在他们的工作室里工作而远离公共走道。这些基本的认识为设计提供了方向，通过非同寻常的形式创造出了真实……我想他们所需要的是一个用来沉思的角落，简而言之，一个工作室而不是一片空敞。一间工作室想要成为一个能让每个人为自己做出决定的地方。[18]

---

[15] Louis I. Kahn, cited in Heinz Ronner and Sharad Jhaveri, *Louis I. Kahn: Complete Work, 1935–1974*, Birkhäuser, Basel and Boston, 1977.

[16] Ibid.

[17] 来自与图书作者帕特里夏·卡明斯·劳德的交谈，2004 年 12 月 2 日。

[18] Louis I. Kahn, letter to William M. Rice, dated 23 December 1959, cited in Ronner and Jhaveri, op. cit.

似乎令人憎恶的管道与管线的需求，或许还有实验室工作的复杂性分散了路易斯·康对人的工作环境的深切敏感。然而康好像已经吸取了教训，并且在随后的创作中技术与诗学始终如一，尽管——正如我们将看到——服务性空间再也没有被赋予这种视觉上的重要性。对于康来说，服务空间并没有成为他的"下一种装饰形式"。

索尔克生物学研究所（1959—1965年）

索尔克生物学研究所的项目委托，来自于1959年乔纳斯·索尔克（Jonas Salk）对费城的一次访问，当时他与

图4.9
索尔克研究所中央庭院

路易斯·康一道参观了理查德医学研究大楼。也许，它并不是巧合，这次会面与C.P. 斯诺（C.P.Snow）的著名评论出版之时间恰好一致，该评论涉及艺术与人文学科这"两种文化"之间的关系。据各方面的记述，在业主与建筑师之间的谈话中该主题占据了很主要的一部分内容。[19] 从一开始，这两人就发现了他们之间的许多共同点，尤其是他们怀着需要重建"文化"之间联系的共同信念。正如通常报道的那样，索尔克宣称他想要建造一座足以邀请毕加索来往于此的实验室，以此表明他对这一项目的雄心。这些诉求在路易斯·康设计的建筑中既有直观的再现，又有隐喻性的表达（图4.9）。

这片开阔的场地，矗立在向西面朝太平洋的一处悬崖边缘。它

---

[19] C.P. 斯诺于1959年在剑桥瑞德讲坛（Rede Lecture）发表年度演讲。C. P. Snow, *The Two Cultures and the Scientific Revolution*, Cambridge University Press, Cambridge, 1959.

与路易斯·康之前所做过的项目场地大不相同，路易斯·康本质上是一位都市人。该设计经过多个发展阶段，才形成了现在的实验室建筑形式。其早期设计曾提出以理查德医学研究大楼为原型的实验室塔楼方案，但又被放弃而选择了一个低层的建筑替代方案。该项目——在路易斯·康的指导下竣工——只是一个规模更大的规划设计中的一个局部，它包含了一个"聚会场所"（Meeting Place），很大程度上是一场文化集会以及一座聚落的象征。

建筑的服务设施广泛而且规模庞大，其安置与组织——正如在理查德实验大楼中那样——是一个关键性的问题。在这里场地开阔，而且设计过程中索尔克直接且深入地参与进来，导致实验楼采用了一种低层、水平方向的布局。建筑最终的方案采取两个侧翼相平行的组织形式，其界定出一座带铺装的中央庭院，从其小体量的研究室"塔"可以眺望到庭院。在实验室一翼中，其纵深的设备服务区域与研究者使用的实验室空间上下交替布置（图4.10 和图 4.11）。

这种看似简单的组织形式，使得现代科学实验室的服务设施这类问题获得了有效地解决。服务区域空间高 2.7 米，空腹桁架

图 4.10（左图）
实验室建筑平面图，其大进深的两翼夹着带铺装的中央庭院

图 4.11（右图）
实验室一翼的剖面图，显示出"被服务"和"服务"空间的关系

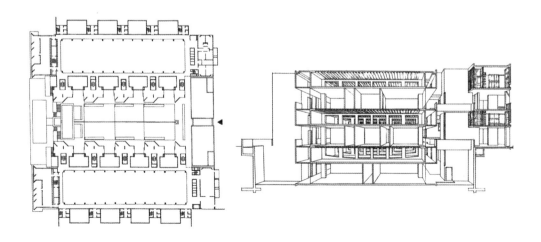

图 4.12
实验室通长外廊与实验
室内景

结构允许管线与管道贯穿建筑之全长而不被打断，实验室因此
完全摆脱了内部结构与服务性要素（图 4.12）。该问题似乎得到
了解决。[20]

在理查德医学研究大楼，路易斯·康花费了一些精力赋予实验
室空间以工作坊一般的品质。这种诠释与实验室研究所需要的技
术可能是不相容的，它导致了——至少是部分地导致——随后在
这些空间中出现的问题。在索尔克研究所项目中他建议，科学家
们应该拥有独立的研究空间，他们可以从实验室的公共空间退回
至此以获取短暂之思考和庇护。在解决完科学家们最初对方案的
排斥之后，他们对实验室的环境感到放心，路易斯·康赢得了胜
利；低矮的实验室塔楼——近乎修道院的小室一般——沿中央庭院
排成一线，已经尽可能地成为这个研究所的象征，正如理查德医
学研究大楼的服务塔一样。

该研究空间兼具工厂般的尺度与实验室的特性，它拥有路易
斯·康住宅设计的品质。在建筑材料与氛围方面，它们与费舍尔
住宅（Fisher House）中壁炉、转角窗以及靠窗座位组合而成的奇
妙壁龛相类似（图 4.13）。在环境方面，研究室塔采用了住宅的策
略，利用充足的自然光与自然通风，两者都可以通过手动推拉柚木

[20] 参见 See James Steele, *Louis I. Kahn: Salk Institute, La Jolla, 1959–1965*, Phaidon, London, 1993。
此书详细地描述了这座建筑的服务设施。

百叶窗进行调节。在他对这些空间诗意化的描述当中，路易斯·康谈到了"一种关于橡木桌与地毯的建筑"（图 4.14）。

对于现代建筑学来说，将实验室的机械环境与自然环境相互区分并且进行研究，在某些方面它与"被服务空间""服务空间"之理念同等重要。它质疑了那种全面采用机械化服务设施来作为普遍性的解答方案——这在 20 世纪晚期众多建筑所采用的环境策略中成为了公理。它允许一种模式至目的的更为精确之调整，而至关重要的是，允许建筑面貌体现出一种人性化的尺度和肌理——而那种以机械化的方式来调节与表现的建筑则鲜有实现。在"两种文化"的争辩之中，路易斯·康虽然宣称相比于实验室的科学自己更赞同居家的人性，但应在满足科学的条件之下。个体与机构，事实上而且正式地和解了。

理查德医学研究大楼与索尔克生物学研究所之间最显著的区别在于：将机械化的、"服务性"要素之表现转变为对其进行隐匿，以支持在研究室塔中的人类居住礼仪。在一个非常短的时期内——两座建筑的设计和建造重叠了数年的时间——用来表现服务设施的修辞手法被放弃了。威尔逊的关于"服务性"空间作为"下一种装饰形式"之质疑，由路易斯·康做出了解答；我们应该记住，他总结了自己关于管线与管道的著名论断——即告诉我们："我想纠正你可能

会有的任何想法，认为我喜欢上了那件事。"[21]这并不意味着"被服
务空间"与"服务空间"之间的区别对于建筑的构想与实现来说并
不重要，但是路易斯·康一如既往地对环境背景与任务要求的特殊
性做出了回应，以寻求正确的解决之道。

图书馆，菲利普斯埃克塞特学院（1965—1972年）

> 一个人手持着一本书走向光明。一座图书馆就是这样
> 开始的。[22]

图书馆建筑的核心是书籍的阅读与存储。在最早的建筑实例中，
这两种功能保持着密切与融洽的关系，正如在英国牛津大学基督圣
体学院（Corpus Christi College）的中世纪图书馆中精彩展现出来的
那样（图4.15）。

随着书籍和读者数量的增加，这种亲密的关系变得越来越难
以实现，必须创
建新的布局方式。
在剑桥三一学院
（1676年）中，克
里斯托弗·雷恩
（Christopher Wren）
的解决方案——他
在高大的书柜之上

图4.15
图书馆，基督圣体学院，
牛津大学，约1604年

---

[21]Louis I. Kahn, *World Architecture*, op. cit., 1964。值得注意的是，当班纳姆在《环境调控的建筑
学》一书当中引用路易斯·康的讲话时，他遗漏了最后一句话。该遗漏不易察觉，但从根本上改
变了此陈述的意义。

[22] Louis I. Kahn, "The Continual Renewal of Architecture Comes from Changing Concepts of
Space", *Perspecta*, No. 4, 1957.

图 4.16（上图）
克里斯托弗·雷恩设计，
三一学院图书馆，剑桥
大学，1676 年

图 4.17（左下图）
菲利普斯学院图书馆
（位于新罕布什尔州的
埃克塞特市）的上层平
面图

图 4.18（右下图）
建筑剖面图

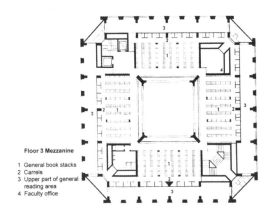

Floor 3 Mezzanine
1 General book stacks
2 Carrels
3 Upper part of general
  reading area
4 Faculty office

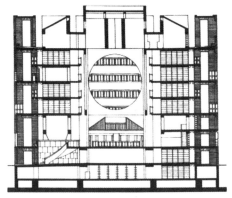

设置了成排的拱形窗户，既是中世纪模式的一种逻辑化的转型，又是一个重大的建筑发明（图 4.16）。这些伸出来的书架不仅为图书提供了更多的存储空间，而且限定出了阅读空间。[23]

埃克塞特图书馆可以被视为图书馆建筑中，几何学与形态学这一传统的延续。鉴于路易斯·康采用了一种精确且规则的几何图形——一种近似的立方体——作为该建筑确定的形式，因而更是如此。

该大楼的建筑图解非常清晰（图 4.17 和图 4.18）。书架环绕中央采光天窗空间围成一圈，阅读空间则布置在建筑的四周。在这种

---

[23] 参见 David McKitterick (ed.), *The Making of the Wren Library, Trinity College, Cambridge*, Cambridge University Press, Cambridge, 1995。该书对这座非凡的建筑的建造过程进行了最广泛地介绍。

格局下读者能够享受自然光与美景，而书籍——每一个阅览楼层都对应着两个藏书层——则被存放于有着更多庇护和阴影的室内，但又非常贴近读者。一本书可以很容易地"被带到阳光下"。将阅读者安排在建筑的周边位置，这是业主任务书的一个明确要求。[24]路易斯·康用他自己的言语特点鲜明地重申了这一要求：

> 埃克塞特图书馆始于建筑的四周，那里有光线。我觉得阅览室将是让每个人能够独自靠近一扇窗户的地方，而且我觉得它将是一种个人化的阅读隔间，一处在建筑褶皱中有待被发现的场所。我将建筑外侧的进深——它独立于藏书区——做得像一个环状的砖砌体。我将建筑内侧的进深做成一个混凝土的环状体，在那里存放的图书远离采光。中心区域则是由这两个连续环状体生成的；正是在建筑的入口，透过巨大的圆形洞口图书显而易见将你包围。于是你感受到了书籍的邀请。[25]

该阅读隔间具有中世纪图书馆的那种温馨感。精美的橡木窗框设置于巨型砖墩柱之间，它为每一位读者提供了一处私人场所，用于学习和反思——以小巧的个人化窗口来限定，并且提供了照明。于其上方，巨大而完整的玻璃窗格照亮了室内空间以及通往书架的廊道。在建筑更为广泛的、机械化控制的环境之内，每个阅读隔间为其提供了一个微气候。在新罕布什尔州的寒冬，大型窗户将导致下行气流的出现，而局部供热能克服该问题（图4.19）。

该建筑安装有一套完整的空调设备，通过楼板底面暴露的管道——位于阅读空间的砖砌体与书架混凝土结构两者之间——显露出

［24］Peter Kohane, "Library and Dining Hall, Philips Exeter Academy", in Brownlee and De Long, op. cit.

［25］Louis I. Kahn, lecture given at Phillips Exeter Academy, 15 February 1970, quoted in "The Mind of Louis Kahn", *Architectural Forum*, July–August 1972. Cited in Kohane, op. cit.

图 4.19（左图）
建筑的外围空间，从窗口至书架

图 4.20（右图）
图书管理员办公室，管道和壁炉

它们的存在。不过陈旧的环境设备其实用性与象征性也得到了同样的看待。正如圆截面的金属管道在这栋大楼里四处贯通，在某些地方，可以看到它们与传统的环境服务设施——例如壁炉——令人惊讶地并置在了一起。一个特别有说服力的例子可以在图书管理员的办公室内找到，在那里一簇银色的管道从天花板下蜿蜒穿过，其下方有一个深凹的开放式壁炉——设置于砖拱之下（图 4.20）。在第四层平面——建筑入口的高处位置，有一座独立式的砖壁炉重新定义了阅读空间，使其在性格上呈现出居家的氛围而不是机构性的。

正如我们在索尔克研究所看到的那样，路易斯·康再一次强调建筑外观的基础，在于人性而不是机械化之物。在砖砌外墙的构架之中，大型的窗户以及人体尺度的橡木阅读隔间一次又一次的出现，令人想起在建筑外立面的构成当中开窗的历史性意义。正如路易斯·康所说："埃克塞特图书馆始于建筑的四周，那里有光线。"[26]理查德医学研究大楼表现性的"服务"塔被替换成了四座楼梯与服务

[26] Louis I. Kahn, lecture given at Phillips Exeter Academy, 15 February 1970, quoted in "The Mind of Louis Kahn", *Architectural Forum*, July–August 1972. Cited in Kohane, op. cit.

设施要素，它们位于建筑平面的内角。就在这个位置，它们为建筑高效地提供服务，但在建筑的表现上并不起作用。实验室与图书馆之间的区别清晰可见。

金贝尔艺术博物馆（1966—1972 年）

在路易斯·康开始设计耶鲁大学美术馆的 15 年之后，他接受了位于沃思堡的金贝尔艺术基金会的委托，设计另外一座艺术博物馆。在这个项目中，其建筑环境、功能要求与耶鲁大学项目的那些情况大不相同。与纽黑文市区的城市环境以及康涅狄格州的北方气候——按照美国的标准——并不一样，位于沃斯堡市的建筑基址拥有一种开放性的郊区特征，而且得克萨斯天空明亮的光线与热度提出了一个不同的环境问题（图 4.21）。就项目功能要求而言，耶鲁大学美术馆建筑最初的任务简介——部分是美术馆，部分是建筑学院——其模棱两可的功能被取而代之，这里要求收藏一类特定的艺术作品。该藏品基于金贝尔家族现有的私人收藏，但其意图是为了展示"最高品质的"艺术作品，而且在美术馆设计期间艺术品收购活动仍在进行，其目标是为了创造一个"完美收藏"[27]。

通常在这一类大多数的项目当中，毫无疑问在路易斯·康晚期的创作中，建筑设计经历了多个发展阶段才实现其最终形式。[28]该设计的关键在于采用了天窗采光的混凝土拱顶，而这个元素在这一设计过程的早期就出现了，正如初步草图所显示的那样（图 4.22）。这样做的意义可以从建筑横剖面的最终设计图中找到，其中圆形的现浇混凝土拱顶——用来限定主要的开间——与较低开间的平屋顶

[27] 来自与图书作者帕特里夏·卡明斯·劳德的交谈，2004 年 12 月 2 日。
[28] 路易斯·康所有艺术博物馆的设计情况都是如此，这是最权威的资料来源。参见 Patricia Cummings Loud's *The Art Museums of Louis I. Kahn*, op. cit. For Kimbell, see also Michael Brawne, *Louis I. Kahn: Kimbell Art Museum, Fort Worth, Texas, 1972*, Phaidon, London, 1992。

图 4.21 （上图）
金贝尔艺术博物馆，素描日期为 1967 年 3 月

图 4.22 （中图）
建筑剖面显示出拱形采光天窗的展厅以及平屋顶的"服务"空间。

图 4.23 （下图）
拱顶细节与光线反射罩

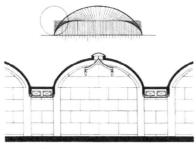

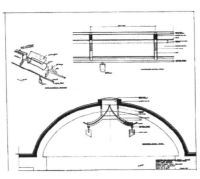

形成了一种精确的对应关系，主要 / 次要等同于"被服务" /"服务"（图 4.23 ）。

这一系统是一项长期研究过程的产物，其中关键性的顾问人员发挥了重要的作用。结构工程师奥古斯特·克门丹特（August Komendant ），设计了圆形拱顶——每顶仅由四根柱子支撑，它允许在屋顶拱顶设置连续的天窗以及在每一开间山墙处的屋顶底板与砌体填充墙之间预留弧线形的玻璃窗。照明设计顾问理查德·凯利（Richard Kelly ），对光线反射罩的设计做出了很大的贡献，光线反射罩贯通于屋顶顶部天窗的下方。[29] 路易斯·康认为在艺术博物馆建筑的演变中，这是一项重要的发展。他写道：

这种"自然采光灯具"……是称呼某事物的一种很新的方式，它完全就是一个新词语。它实际上就是一个光线的调节器，如此充分以至于光线的负面影响被控制在尽可能的一切程度之内。当我看到它，我真的觉得这是一件了

---

[29] Patricia Cummings Loud's *The Art Museums of Louis I. Kahn*, op. cit. For Kimbell, see also Michael Brawne, *Louis I. Kahn: Kimbell Art Museum, Fort Worth, Texas, 1972,* Phaidon, London, 1992.

不起的事。[30]

图 4.24
"自然采光灯具"

它精确地控制着进入建筑的光线，与混凝土拱顶之形式和反射性协同工作，以一个综合之整体创造出神奇的效果（图 4.24）。

该建筑的平面——简洁明了——就是以上这些元素的直接重复，形成了一个大约 97 米 × 53 米的展馆。这些拱顶以其长轴为导向往南 / 北方向延伸；建筑即可以从西侧直接进入美术馆，也可以从东侧进入——在其下面一层、建筑基座层，那里还设有行政办公室、实验室、车间、仓库和公用设施——之后再通过楼梯或电梯上升到主楼层。建筑的主要开间与次要开间交替出现，即 6 个主要的拱顶与 5 个次要的服务带以一个三段式的结构网格为基础，对整个建筑起到调节作用（图 4.25 和图 4.26）。

图 4.25（左图）
展厅层平面图

该建筑的元素被设置于这张底图上，几乎就像在五线谱稿纸上的一段乐曲音符一样。美术馆有 3 个内庭院，每一个都是独特

图 4.26（右图）
横向剖面图向南看

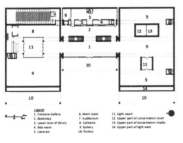

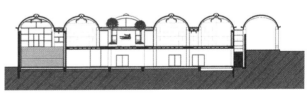

---

[30] 路易斯·康与马歇尔·D·迈尔斯（Marshall D. Meyers）的访谈，费城，1972 年 8 月 11 日。参见 Nell E. Johnson (compiler), *Light is the Theme: Louis I. Kahn and the Kimbell Art Museum*, Kimbell Art Foundation, Fort Worth, 1975。

的。北庭院是正方形的，其宽度为一个主开间与两个次开间的总和，庭院的四周全部以玻璃幕墙封闭。喷泉庭院位于建筑的南翼，正方形的庭院其宽度正好是一个主开间，它仅在庭院的东西两侧设置玻璃幕墙。最后，两层通高的修复工作庭院——也位于建筑的南翼——是由两个正方形的主开间并联而成，而在展厅层高度它由四面实体墙来围合，神秘莫测。它的性质和功能只能通过下部的楼层体现出来。这些庭院的设置使得博物馆内的空间和光线丰富多彩。建筑的北翼光线明亮，来自于圆拱形屋顶以及大型玻璃庭院，而其南翼具有更为明确的空间界定，以及更清楚的光线控制（图 4.27 和图 4.28）。

　　庭院的另一项功能——只有通过直接体验建筑才能够理解——是让参观者感受到自然气候，作为另一种选择以区别于必须受调控的展厅环境。在喷泉庭院和北庭院——作为自助餐厅的室外扩展区域——金属绳索于其上空纵横交错。金属绳索的上面爬满了藤蔓，在其下方也许能让人体验到和煦的阳光与轻柔的微风。在这里，正如在索尔克生物学研究所中实验室与研究塔单元的自然与机械环境之关系一样，路易斯·康巧妙地将博物馆的内环境与自然环境联系在了一起。如果需要的话，这两种环境的边界可以用编织精细的钢

图 4.27（左图）
美术馆北庭院

图 4.28（右图）
美术馆南庭院

丝网外遮阳进行调节。

位于建筑底层的修复工作室通高两层，它也与自己的独立庭院保持着一种特殊的关系。该修复室的整个北墙都采用了玻璃幕墙，使得充足的光线倾泻进来满足了工作的照明需求。修复室庭院与工作室这两者上部的墙壁未开设任何窗洞，对于其上层展厅来说，像是谜一样的存在物。

在该博物馆中有两处重要的空间图书馆和演讲厅（图 4.29）——它们需要特定的环境。图书室是通过在"标准化"的博物馆单元中，插入一个夹层空间创造出来的。图书存放于图书室的底部楼层，远离阳光；但在其上部楼层，这种安排能够让学者们与混凝土拱顶的发光体产生一种密切的联系。图书室剖面上的日光控制装置被改变用来悬挂横向排布的人工照明灯槽，而且其拱形的山墙——被其南北两侧相邻的体量遮挡——完全采用玻璃幕墙。其结果是提供了一种总体的照明分布，它通过山墙处玻璃幕墙的特殊处理以及位于楼层东侧连续的带状玻璃窗进行调节。在某种程度上，路易斯·康再一次将图书带入了光明。

构成图书室的建筑横剖面非常紧凑。与其正相反，演讲厅——位于建筑的东北角位置——空间容积却在不断地扩展，因为它从展厅层平面向下倾斜延伸至地下室的空间中（图 4.30）。该空间占据了一个主要的以及一个次要的开间，很难说这是声学理论所提倡的那种空间体量。声学顾问 C.P. 博纳（C.P.Boner）建议，在室内侧壁与后壁以及放映室上运用吸声材料来控制混响时间；但他也觉得混凝土拱顶可能会创造出"奇异的效应"，或许能够提供"一种有趣的氛围"——他认为在一座博物馆中这是可以接受的。[31] 演讲厅内采用了标准的光反射罩来照亮，而且为便于投影放映，添加了一套遮光百叶窗系统以降低室内亮度。但即便是在

[31] C.P. 博纳书信，1970 年 4 月 24 日，参见 Patricia Cummings Loud, op. cit.

这里，路易斯·康仍然坚持运用自然光照明的原则，作为赋予建筑生命之物：

> 当某个人说他相信自然光是某种我们与生俱来之物的时候，他无法接受一座没有自然光的学校。他甚至无法接受一座电影院——你可能会说，这必须在黑暗中进行，而未察觉到在建筑中的某处一定有一条裂缝，它允许足够的自然光进入以揭示这里是多么黑暗。现在他可能不会真正地需要它，但他会在自己的内心中需要它，如此重要。[32]

在后来的建筑调整中，山墙以及拱顶弯曲处的透明玻璃条被暗红色的玻璃所取代，用来削弱环境照明，以利于演讲。据报道，路易斯·康已经认可了这一点，即把摄影暗房内的红光恰当地比喻为一个房间，摄影图像投射于其中。[33]

因此，路易斯·康在一系列建筑中探索了"被服务"与"服务"之主题，金贝尔艺术博物馆的设计代表了技术手段与诗意目标的卓越综合，以及展厅空间与庭院空间、机械化的与自然化的环境

---

［32］路易斯·康与马歇尔·D·迈尔斯的访谈。

［33］帕特里夏·卡明斯·劳德与作者的交谈，金贝尔艺术博物馆，2004 年 4 月 21 日。

之并置。拱顶与服务区交替出现是对"被服务"与"服务"原则的一个明确表述，正如理查德实验室的塔楼那样清晰可辨。但在这里，我们可以看出它完全是在支持一项创造——艺术品的展示环境，这在某种程度上既具有机械般的严谨又取得了视觉效果。罗伯特·文丘里曾批评过这座建筑，因为在他看来，室内的光线究竟是自然光还是人造光一点也不清晰。[34]但这似乎没有抓住要领。路易斯·康的意图正是将自然光转化为一种媒介——于其中，艺术作品可能会被"再观看"——在某种程度上它与美术馆传统的天光照明不同，当然它也不同于绝对均质的人工照明，因为他坚持"光即是主题"。

耶鲁英国艺术中心（1969—1974 年）

在金贝尔艺术博物馆项目完成之前，路易斯·康获得了机会得以继续他对艺术博物馆的本质进行探索。1969 年，他接受委托去设计一座建筑，以安置保罗·梅隆（Paul Mellon）的重要英国艺术收藏品——它们已被捐赠给了耶鲁大学。与他在耶鲁设计的第一座建筑不同——而正如金贝尔艺术博物馆一样——这座建筑主要是用来展示一系列现有的以及非常特定的收藏品，但是现在路易斯·康回到了城市文脉之中（图 4.31）。

再一次，我们可以观察到一个漫长的方案发展过程——路易斯·康将他的工作方法运用到了这个项目中。在一个紧凑的展馆空间里面，康考虑了内庭院的不同尺寸和条件，正如其屋顶采光系统经过多轮方案的推敲一样，直到最终其设计获得了一种简洁

---

[34] 罗伯特·文丘里新闻发布会，伦敦国家美术馆，1991 年 5 月 1 日。参见 Dean Hawkes, "The Sainsbury Wing, National Gallery, London", in Dean Hawkes, *The Environmental Tradition: Studies in the Architecture of Environment*, E & FN Spon, London, 1996。

图 4.31（上图）
梅隆英国艺术中心，
纽黑文，康涅狄格
州，沿街外观

图 4.32（左下图）
二层建筑平面图

图 4.33（右下图）
建筑纵剖面图

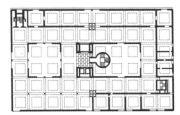

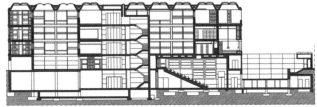

性。[35] 在此基础之上，这座建筑简单得不能再简单了。裸露的混凝土框架界定出了一个笛卡尔网格——其平面上的开间为 10 米 × 6 米，在高度上有 4 层。建筑内穿插了两座采光庭院。第一座庭院包含建筑入口，为一个双开间的正方形庭院，其高度贯通整个建筑；第二座庭院——其地板位于建筑二层平面的位置——有 3 层楼高，平面开间为 3 米 × 2 米。建筑剖面是其平面的一种简单的、竖向的发展，它向上升高至一排简洁的、浅拱顶的采光天窗——覆盖了整个屋顶（图 4.32 和图 4.33）。

该设计元素绝对属于它们那个时代。重复性的结构框架与标准化的填充墙——外侧采用不锈钢材料，而在内侧使用美国橡木——以及全空调设施，这是 20 世纪后半叶建筑技术领域标准的技术"套装"。"被服务空间"与"服务空间"的区别在于：垂直立管围绕建

[35] 如前所述，参见 Patricia Cummings Loud's *The Art Museums of Louis I. Kahn*, op. cit。这是最具权威性的资料，它详细地介绍了路易斯·康设计的发展。

筑平面之长轴对称式的布置，而水平方向则通过屋顶层的空心梁配送，管道被整合到混凝土楼板内——康称之为一种"中空楼板"（air floor）——而且有时候，也会在底下的楼层中暴

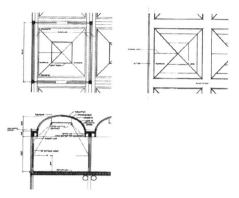

露出管道。然而，路易斯·康将所有这一切进行转化，以便为艺术品展示创造出一种技术上合理且富于诗意的环境。就像往常一样，天窗设计经历了一个漫长的发展过程。[36]毫不奇怪，鉴于它与金贝尔艺术博物馆设计的时间接近，其早期的研究探索了拱顶形式对于纽黑文新环境条件的适应性（图 4.34）。

天窗最终的设计很简洁，而且直接源于该建筑的笛卡尔网格。其结构开间被细分为 4 个相等的正方形，每个都由一个圆顶天窗所覆盖。在这些采光天窗的上部与下部，路易斯·康增加了控制设施。金属格栅被固定于天窗之上，用来调控入射的阳光。相对于正南正北而言，该建筑坐落的方位与之形成夹角，其不对称的格栅系统即确认了这一点——它通过在水平面以及向东南和西南方向进行遮挡，并且允许北向光畅通无阻地进入建筑。在天窗之下，乳白色的玻璃柔光罩进一步控制了光线的强度与品质（图 4.35 和图 4.36）。

路易斯·康在接受委托设计这座建筑不久之后，便与梅隆中心的第一任主管朱尔斯·大卫·普朗（Jules David Prown）教授一道拜访了梅隆位于华盛顿特区的乔治敦以及位于弗吉尼亚州的阿珀维尔镇（Upperville）的住宅。其目的是查看梅隆先生现有的绘画收

---

[36] 参见 Patricia Cummings Loud's *The Art Museums of Louis I. Kahn*, op. cit.。

图 4.35（左图）
天窗罩之外观

图 4.36（右图）
天窗细节，最终的设计

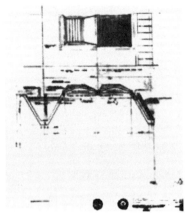

藏情况。[37] 从各方面来看，梅隆住宅内的艺术体验给路易斯·康留下了深刻的印象。提及梅隆的图书室，路易斯·康评论道："图书、绘画与素描之间氛围亲密的理念——那个房间就是这样——正如这批收藏的品质一样。"[38] 路易斯·康与普朗还参观了菲利普美术馆（Philips Collection）——陈列于华盛顿的一所大房子里。基于上面这些理由，纽黑文的这座建筑可以令人信服地解释为将一种居家氛围转变成了公共机构。然而，除了梅隆住宅的具体影响之外，在该建筑的布局与品质方面，我们还可以看到英式大住宅（the grand English house）的某些东西。梅隆收藏品中的许多绘画被用来悬挂在那些英式大住宅的房间里——无论是在城市中，还是居于乡野——而梅隆中心美术馆传达出了有关这些房间品质的一些东西。在英国的大住宅中，这些绘画作品既在隆重的仪式空间内展示，也被陈列于尺度宜人的房间里供人欣赏。

路易斯·康设计的中央庭院，其格局是以小型的、往往由侧面采光的房间所包围——也只是再现了这些条件；但在这里由于 20 世纪公共博物馆之需求以及受控的环境条件之需要，这一格局有所

[37] 信息来自 Patricia Cummings loud's *The Art Museums of Louis I. Kahn*, op. cit。
[38] Patricia Cummings Loud, "Yale Center for British Art", in Brownlee and De Long, op. cit.

改变。他的天窗设计，以它多层次的系统——有关阳光控制与漫射——模拟了英格兰柔和的光线品质；这既存在于英国建筑当中，也被描绘进了绘画。无论我们考虑其恢宏的二楼庭院，还是尺度较小的周边展厅，该建筑都具有一座大住宅而非一家公共机构的品质（图4.37、图4.38和图4.39）。

路易斯·康将这两座庭院进行了微妙的区分，而这种区分至关重要。高大的入口庭院并非用来展示收藏的绘画作品，因此，它没有必要进行严格的光线控制。遮阳格栅和柔光罩被取消之后，光线倾泻下来进入充满了活力的中庭，上层展厅受严格控制的环境被它激活了——上层展厅可以向下俯瞰中庭。

尽管人们对建筑的屋顶采光系统给予了极大关注，但值得注意的是，在许多方面这是一座以侧窗采光的建筑。在建筑外墙上，窗口进行复杂的排布——根据功能主义的原则——直接表达了建筑内部房间的位置以及照明的需求。然而在顶层展厅中，侧窗与天窗之结合维持了将住宅作为艺术博物馆的这种幻觉。

该建筑的"服务"要素几乎完全被纳入其空间与结构系统。尽管服务要素的分布讲究逻辑并且层次清晰，但在建筑外观上它完全不可见，然而在其内部考虑却极为周到。在屋顶层，V字形梁的结构底板镶嵌了空调系统的进风口百叶，不过该梁也起到了喇叭口的作用以

图4.37（左图）
建筑的二楼庭院

图4.38（中图）
建筑入口处的庭院

图4.39（右图）
在上层展厅透过入口中庭看过去

图 4.40
图书阅览室

彰显出天窗。因此，它们同时成为建筑机械系统以及采光策略的一部分。然而在图书阅览室内，我们发现路易斯·康又回到了直接展示机械管道系统的方式——他在埃克塞特图书馆中所采用的方法。在这里，传统的橡木图书馆家具与银色的管道——沿着天花布置并且位于夹层走廊的下方——具有一种几乎带着讽刺性的意味（图 4.40）。也许他在竭力向我们保证，这是一座这个时代的建筑。

　　这些建筑经历了四分之一个世纪的时间。也正是在这一时期，建筑史上采用环境控制的机械系统变得司空见惯。它们的实用性以及物质性的存在——几乎自明地——被大多数建筑师的观念所接受。这就是为什么路易斯·康发自肺腑之声（cri de cœur）——关于管道与管线——对于二十世纪六七十年代的理论争辩与实践活动有着如此重要的影响。以这些建筑的先后顺序来看，我们从路易斯·康那里学到的并非是这些服务设备将逐步主导建筑之外观——即科林·圣约翰·威尔逊提到的"下一种装饰形式"——而是，它们可以合乎逻辑地，更重要的是，谨慎周到地纳入建筑的主体。它体现在这里所讨论的每一座建筑当中，除了理查德医学实验楼是一个显著的例外。耶鲁大学美术馆可以被视为一个先锋作品，在这座建筑中路易斯·康正在摸索自己的道路，以发展出其后期项目所具备的清晰性。它取得了令人瞩目的成功，尽管只是一场在概念与现实方面进行的实验。理查德医学研究大楼则因其有关服务空间这一主题的修辞技巧脱颖而出，但事后来看，它并没有产生深远的影响——尽管有众多的追随者。[39]服务性空间被隐藏进建筑的主体之内——它出现于索尔克研究所——标志着人类聚居对于机械表现之优先性，在埃克塞特图书馆中也获得了同样的重视。而最后的两座伟大艺术博物馆简直就是天壤之别。金贝尔艺术博物馆——直接表现其方法——以"被服务"与"服务"空间要素交替出现来处理。路易斯·康的成就在于他将"自然采光装置"转变为一种艺术的人文环境。梅隆艺术中心则似乎更多地扎根于将居所寓意为博物馆这一理念，然而就在其明显低调的处理背后，它的构造方法和环境方法正如理查德实验楼的那些一样是合理的。

衡量一位建筑师创作的重要性，是它所揭示的原则在何种程度上丰富了知识主体——它们界定并形成了建筑学科。路易斯·康提出的"被服务"与"服务"理念在很久以前就达到了这种境界。但重要的是，要认识到这不仅仅是在互异的要素之间进行技术上的区分。这些建筑表明，在不放弃现代运动对建筑语言进行澄清这一信念之下，可以组织"被服务"与"服务"要素，使形态、材质、光线以及其他的环境品质适应于其目的——深刻而且富于表现力。路易斯·康高于一切的信念在于建筑本身，这就是他的方法与成就之源泉："当你在建筑的国度里，你会意识到自己触碰到的正是人类的基本情感；如果不以此真理作为出发点的话，建筑将永远不会成为人性的一部分。"[40]

---

[39] 如果不是路易斯·康提出的理念以及它在二十世纪六七十年代引起人们如此的关注，或许不可能会有皮亚诺与罗杰斯设计的蓬皮杜文化艺术中心（Centre Pompidou）或者是罗杰斯设计的劳埃德大厦（Lloyds Building）所体现的那种极端化的机械表现形式。

[40] 路易斯·康在德雷克塞尔建筑学会的讲座，费城，1968 年 11 月 5 日。

第 5 章

我希望我能框取蓝天
——卡洛·斯卡帕

卡洛·斯卡帕（1906—1978 年）的整个职业生涯都在威尼斯——这座他出生的城市——或者在威尼托的周边地区度过。当他两岁的时候，他的家人搬到了维琴察——帕拉第奥之城，拥有其闻名的别墅建筑——在此地，他开始了解城市周围的乡村。1919 年斯卡帕的母亲去世之后，他全家搬回了威尼斯；在那里斯卡帕于 1926 年从威尼斯美术学院（Accademia Reale di Belle Arte）获得文凭。他一直生活在威尼斯，直到 1962 年将自己的住家与办公室搬到了位于特雷维索（Treviso）附近的阿索洛（Asolo），一座美丽的山城。斯卡帕一边从事建筑实践，一边在建筑学院——威尼斯建筑大学（Istituto Universitario di Architettura di Venezia）——担任教师，并于 1964 年成为该校的全职教授。1972 年他成为建筑学院的负责人，并且再一次搬家，这次又搬回了维琴察；之后他一直居住并工作在那里，直到 1978 年他在日本仙台参观时去世。[1]

除了少数例外，斯卡帕的建成作品都集中于亚得里亚海与多洛米蒂山之间这片肥沃的土地上，以及位于神话一般的城市威尼斯，还有其西侧的维琴察和维罗纳。尽管斯卡帕的作品已经获得了国际

---

[1] 有关斯卡帕的实用传记，参见 Sandro Giordano, "Biographical Profile", in Francesco Dal Co and Giuseppe Mazzariol, *Carlo Scarpa: The Complete Works*, Electa/The Architectural Press, Milan and London, 1986, Sergio Los, *Carlo Scarpa*, Benedikt Taschen Verlag, Köln, 1993, and Giuseppe Mazzariol and Francesco Dal Co, "The Life of Carlo Scarpa", in Dal Co and Mazzariol, op. cit。

上的认可，而且他个人对艺术、文化与社会事务有广博的兴趣，这为他的思想带来了许多其他影响，但是很明显——以其最深刻的基本原理——这些作品植根于威尼托的文化、历史、气候以及建筑传统诸条件，根植于帕拉第奥的风景。

在《建筑四书》[2]当中，帕拉第奥解释了其设计的基本原则，以此作为基础提出窗户的大小应该根据威尼托的气候来确定：

> 在做窗户的时候要注意，与必需之要求相比，它们不应该让光线进入的过多或过少，或者在窗户数量上更少或者更多。我们应该非常重视那些通过窗户采光的房间的大小；因为显而易见，一间大房间比一间小房间需要更多的光线使其明亮。如果窗户做得比需要的小或者少，它们将会令居室晦暗；如果做得太大，它们将难以居住，因为窗户会让过多的冷、热空气进入，以至于那个地方将随一年四季的变化而变得超热或者极冷，倘若它们所面对的那部分天空没有出现某种方式的阻挡的话就更是如此。

在该陈述之后书中列出一个数学公式，它将窗户的大小与它们所服务的房间之尺寸联系起来。这一效果存在于帕拉第奥的设计当中，在那里窗户与墙壁的比例经过仔细地权衡以提供充足的光线，避免了在炎热的夏季遭受过度炎热之罪，也不会在该地区寒冷之冬季损失过多的热量。在这样的气候环境下，环境的优先事宜将是在炎热的月份实现舒适性，即凉爽；而冬季保温是次要的，但并不是不重要。这一观点得到霍尔伯顿（Holberton）[3]的支持，他观察到帕拉

---

[2] Andrea Palladio, *The Four Books of Architecture*, First Book, Chapter XXV, Isaac Ware edition, London, 1738, reprinted with Introduction by Adolf K. Placzek, Dover Publications, New York, 1965.

[3] Paul Holberton, *Palladio's Villas: Life in the Renaissance Countryside*, John Murray, London, 1990.

第奥的别墅在设计之时就被设想为从春季开始使用，"因为在盛夏酷热之时，乡间更凉爽而且更有益"，别墅一直使用到深秋，此时收获与狩猎的季节最终结束。

> 这是一个显而易见的结果，帕拉第奥的别墅是针对防暑而不是御寒建造的，尽管人们总是会在别墅中发现有壁炉出现，因为在意大利春天通常都是寒冷的；当然天气可能会变化无常，业主也可能会在……一年当中的其他时间……造访别墅。

在对斯卡帕建筑的评论当中，弗朗切斯科·达尔·科（Francesco Dal Co）观察到："例如，斯卡帕的敏感性体现在他对待光线以及操控色调方面，这是因为他对威尼斯怀着深厚的感情……的结果。"[4]

塞尔吉奥·洛斯（Sergio Los）则进一步扩展了这一主题：

> 我想，斯卡帕提出的这种构成性（compositional）的技巧，可能来自于威尼托各城镇的建筑。为此，只需回顾一下20世纪50年代斯卡帕作品中的角窗就足够了......他将角窗——能够体现新的空间概念——转译成了威尼托的建筑语汇。
>
> 角窗所产生的光线变成了一个多彩的发光体——充满透明感，这是几个世纪以来该地区视觉艺术的典型代表……他的房间散发着一种光辉，创造出有如帕拉第奥以及在17世纪和18世纪他的追随者那样的的流光溢彩，只是其建筑词汇明显不同罢了。[5]

---

[4] Francesco Dal Co, "The Architecture of Carlo Scarpa", in Dal Co and Mazzariol, op. cit.

[5] Sergio Los, op. cit.

其他评论家也阐述了斯卡帕作品中光线所起到的关键性作用。
鲍里斯·波德雷卡（Boris Podrecca）写道：

> 在斯卡帕的作品中，将传统进行改观的不仅仅是物质性存在之事物，而且也有光线；它不是一种明日之光，而是往昔之光——金色背景之光，流动激湍之光，象牙色镶嵌物之光，在大理石上重新创造出的明亮与闪烁之光。它是这个世界的一种光线反射。[6]

波萨尼奥的石膏像博物馆

这一地方性的传统，它对气候环境做出了回应，其影响广泛地体现在斯卡帕成熟的项目当中。1955 年，他开始设计位于波萨尼奥（Possagno）的石膏像博物馆（Museo Canoviano）。在那里，为了纪念安东尼奥·卡诺瓦（Antonio Canova）200 周年诞辰，他对现存的 19 世纪美术馆进行扩建。[7]

在斯卡帕的《作品全集》当中，这是一座关键的建筑并且体现了他基本的环境意图。1976 年斯卡帕在谈到这个项目时，他描述了自己的设计方法本质，当时他说："我真的很喜欢日光：我希望我能框取蓝天！"[8] 塞尔吉奥·洛斯详细描述了光线的叙事功能，以斯卡帕的方法展示卡诺瓦的雕塑，"将它们置于光线之中"[9]。在同一篇文章中，他接着指出，正是这种光线——展示了被照亮的雕塑并且对

---

[6] Boris Podrecca, "A Viennese Point of View", in Dal Co and Mazzariol, op. cit.

[7] 这座建筑在朱迪思·卡梅尔·阿瑟（Judith Carmel Arthur）与斯特凡·布扎什（Stefan Buzas）的著作当中有详细的描述以及精美的插图，照片由理查德·布莱恩特（Richard Bryant）为该书提供，参见 Judith Carmel Arthur and Stefan Buzas, *Carlo Scarpa: Museo Canoviano, Possagno*, Edition Axel Menges, Stuttgart/London, 2002。

[8] Carlo Scarpa, "I wish I could frame the blue of the sky", from a recording of a lecture given on 13 January 1976, published in *Rassengna, Carlo Scarpa, Frammenti, 1926/78*, 7 June 1981.

[9] Sergio Los, "Carlo Scarpa – Architect and Poet", in *ptah: architecture design art*, 2001: 2.

卡诺瓦进行了"诠释"——赋予它们一种新的解释，并与空间和结构的组织一道构成了该博物馆类型化的内容。

斯卡帕设计的建筑置于一个由卡诺瓦的故居和花园以及新古典主义的巴西利卡式画廊——由弗朗西斯科·拉扎里（Francesco Lazzari）设计——组合而成的整体当中。斯卡帕的贡献在于，实际上是对拉扎里的建筑进行扩建，并通过它进入到博物馆（图5.1）。拉扎里作品具有新古典主义对称性以及传统的建筑语言，它与斯卡帕的自由构图体系强有力地并置在一起，成为该项目的核心。这些建筑之构成有不同的模式；它们之间的形式差异，因其环境品质之根本不同，而获得了加强。

拉扎里设计的巴西利卡长厅，其长轴朝向南北方向。室内照明通过小型天窗获得——其设置于镶板的桶拱形天花板之顶部，三个开间各设置了一扇天窗。尽管在艳阳高照的夏日时分太阳光会以戏剧性的效果直射室内，但这些天窗向室内散发出一种均匀的光线。其光线的朝夕对称性与一座巴西利卡教堂的情况大不相同，在那里由基督教正统所提倡的东西主导方向创造出了一种强烈的对比——即体现在建筑的南侧与北侧之间。而在这里，均质性的光线强调了

图 5.1
卡诺瓦石膏像博物馆，平面图显示了拉扎里的"巴西利卡"（长厅）与下面斯卡帕的加建部分

1. Planta de la Gypsotheca Canoviana; en gris, la basilica neoclasica y, en negro, la ampliacion de Scarpa. Codigos: 1, portico del acceso;
2, vestibulo;
3, basilica;
4, sala alta;
5, sala larga;
6, las antiguas cuadras.

几何化的空间轴对称性。斯卡帕的光线并没有太大的不同。从巴西利卡的前厅开始，目光被引入一个令人眼花缭乱的白色空间，其中雕塑作品自如地摆放在一个复杂的光场里，有的形成剪影，其他的则被光线照得通亮。

在 1976 年的演讲中，斯卡帕描述了该空间是如何源起于安置一座大型雕塑的要求。[10] 随着项目的进展，"然而，我不经意地想到，总而言之，一座高大的厅是没有问题的。但它不应该被用来放置这座著名的雕塑，不然的话这个空间会被滥用，它会变成一个单纯的容器用来存放大型物体——一个安置高大物品的高盒子"。他接着向他的业主提出建议：

> 为什么不将这座大雕像留在（原文如此）它应该在的地方，而不是把它带到这里——此处有如此之多的雕像？我们最好从那些摆放在这儿的雕塑当中移除一些重要的雕像，并遵循一种具有启发性的元素构成原理来安排它们，对于一座博物馆来说这应该是最重要的事情。

这就是实现该设计的基础。卡诺瓦的个人作品都被放置于"高厅"以及向"高厅"开敞的空间序列当中——它们沿着场地的外轮廓朝南向下沉。其照明设计与单独的艺术作品和谐一致，明确了它们相对于彼此的位置以及它们所占据的空间。正如塞尔希奥·洛斯观察到：

> 相对于整体空间以及倾泻下来的光线而言，每座雕像的摆放都非常精确。这些光线时而炫目般猛烈，时而轻柔与微弱。伴随着季节更替以及天气变化，光线塑造

[10] Carlo Scarpa, op. cit.

出了石膏像的展示效果，而且在一天的过程当中不断地
润色它们。[11]

洛斯引用了朱塞佩·马扎里奥（Giuseppe Mazzariol）对雕塑
的描述——"石头中有人性"。拉扎里的室内空间与斯卡帕的空间
之间存在着强烈的对比——它们彼此相邻排布，因而处于完全一
致的环境光场之下——这源于它们全然不同的建筑概念及其代表
的方法：一种是传统的，而且庄重的；另一种则是新颖的，独特且
直观。

斯卡帕发明的三面角窗——既是侧窗又是天窗，为"高厅"提
供了照明——在环境和构造方面是最显著的建筑元素（图 5.2）。在
高厅西侧，角窗高耸而且向室内凹近；在其东侧——它们部分地被
巴西利卡建筑的大体量所遮挡——角窗为立方体形，而且向外凸
出。它们的构造能够让来自各个方向的光线进入，而且与镶嵌在墙体内的传统窗户不同，它们能够穿透墙体将光线引入室内。这个看似简单的装置是使光线获得神奇品质的源泉，它将艺术与建筑结合成为一个复杂的统一体。洛斯提出，现代主义者发明的角窗——正如斯卡

图 5.2
"我希望我能框取蓝
天"：三面窗，朝东

[11] Sergio Los, op. cit.

帕改造了它——是对帕拉第奥所提倡的那些原则的直接继承。帕拉第奥将这些原则视为自己在 16 世纪所设计的威尼托建筑的基础。[12] 在位于波撒尼奥项目的"高厅"当中，建筑实与虚的比例正如帕拉第奥在别墅和宫殿墙壁上所开设窗洞的尺寸一样，是受制约的并且有着严格的要求。

朝西望向"高厅"，初夏时日午后的阳光直接照射到地板上、北墙上以及雕塑上。此外，通过三面窗阳光被反射到其他的墙面上。从一个朝西的视角来看，乔治·华盛顿雕塑的形象——身着参议员服装——背对着光线形成了剪影；然而当它从另一侧观看时，却被充分地照亮和展现。

这些照片展示了不同的条件，于此之下各种雕塑在同一时间被光线照亮（图 5.3 和图 5.4）。乔治·华盛顿雕像在直射阳光的照耀下，获得了强烈的立体感；"爱神与仙女普塞克"（Amor and Psyche with Butterfly）被置于相对阴暗之处，墙体上部的角窗投射下来的光线将它衬托了出来；拿破仑的半身像则被柔和地反射光

图 5.3（左图）
乔治·华盛顿雕像，剪影

图 5.4（右图）
乔治·华盛顿雕像在明亮的阳光下

[12] Sergio Los, op. cit.

图 5.5（左图）
"爱神和仙女普塞克"
雕像与拿破仑半身像

图 5.6（右图）
光影中的"三女神"
雕像

塑形，从阴暗中显露出来——该反射光线来自于受阳光照射的相邻墙壁（图 5.5）。

著名的群像"三女神"（Three Graces），被放置于向南延伸的展廊尽端的一扇竖框落地窗前，该窗的高度超出了展廊的吊顶（图 5.6）。在其外侧，一坛小水池将光线反射到天花板上。朝落地窗望过去，雕像形成了剪影；但是在下午，从相反的方向看过来，它们被漫反射的光线微微地照亮。

在 1976 年的演讲中，斯卡帕谈到了这种布局概念背后的情况：

> 我想为卡诺瓦的"三女神"创造一个环境，而且构想了一面非常高的墙壁：我把它搁在里面，因为我想得到类似于一个凹房间的光线效果。那种嵌入房间内的二面体窗户创造出了精细的光线，它使得这个位置与其他位置的墙壁一样光线充足。[13]

---

[13] Carlo Scarpa, op. cit.

从斯卡帕的描述中可以清楚地看到，光线是该项目环境愿景的主要因素。就其性质而言，雕塑作品是环境耐受型的，不受制于严格的艺术品保护要求——它们适用于绘画与素描的展示空间设计。相对而言，它们同样也不受自己所在的热环境的影响。

该石膏模型馆没有供热系统，这非常少见。它只是运用一切前工业时代建筑所采用方法的各种要素——通过形式和材料的组织、实与虚的组织——为其价值连城的展品提供庇护。在真正的意义上来说，这一建筑是原始的，"有关……某事物进化过程中或者历史发展中的一种早期阶段的特征"[14]。但这仅仅是以维持问题的本质来强化该建筑深刻的品质。斯卡帕拒绝了 20 世纪中期建筑毋庸置疑的技术要求——凭借其广泛的环境服务设备——因而他能够专注于建筑环境之基础。建筑室内的氛围——光、热和声——是环境气候下外维护结构干预的直接结果。这样，无论其结果如何，按照现代环境舒适的概念，其内部环境在各个方面都是一种绝对的统一。这座建筑是环境想象的最高典范。

维罗纳的古堡博物馆

1956 年，即斯卡帕开始设计波撒尼奥的项目之后的那一年，他踏上了漫长的创作历程，致力于维罗纳古堡博物馆的重建工作。[15] 在这里，波撒尼奥项目中的那些基本原则被应用到了截然不同的情况下，斯卡帕将这座古老的军事建筑改造成为一座艺术博物馆——它收藏了许多不同的艺术品，而且建筑中新增部分与现存结构之间的联系处于一种更加亲密的尺度之中（图 5.7）。

---

[14] *New Oxford English Dictionary*, Oxford University Press, Oxford, 1998.

[15] 该书对这项工作进行最详细的介绍与分析，参见 Richard Murphy, *Carlo Scarpa and the Castelvecchio*, Butterworth Architecture, London, 1990。

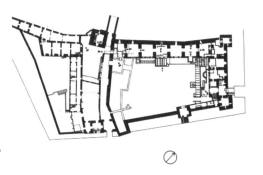

图 5.7
古堡博物馆，维罗纳，
主庭院平面图

从街道进入城堡，参观者的第一印象是从明亮的、喧嚣的街道逐渐过渡——随着参观者跨越木吊桥，穿过拱门接着进入了庭院。来到防御性城墙的阴影里，这时脚步踏上白色砾石路面所发出的声响以及其右侧两座喷泉的流水声，形成了一种清晰的感觉——这是一处清新平静而且有序的环境。砾石路面格外明亮，几乎在阳光下闪耀。而界定出砾石与前方草坪之间界限的绿色树篱，几乎瞬间缓和了这种效应。博物馆的正立面差不多朝向正南方，在维罗纳阳光灿烂的日子里，强烈的阴影投射在深深的凉廊中将立面映衬得格外鲜明。在其左侧，凹进去的坎格兰德（Cangrande）雕像也被一种复杂的光影节奏深刻地塑造了出来（图 5.8 和 5.9）。

在走向博物馆入口的过程中，参观者经由不规则的、明亮而松散的砾石铺路踏上了由石材铺筑的坚实平台。这两种材质之间"界限"的标志是，其左侧有一座饮水喷泉——它的踏脚石被置于微微波动的池水当中；其右侧是一个平静的浅水池，位于一座大型喷泉的

图 5.8（左图）
凉廊

图 5.9（右图）
坎格兰德（雕塑）空间

图 5.10
雕塑展厅的纵深透视

前方。随着人们朝建筑的入口前行，左右两侧之间的人行铺道已经
就位——其右侧水面只可观不可进入，而左侧的草坪空间开阔。进
一步朝入口方向前进，矗立在入口左侧的"小神龛"（Sacello）墙壁
的细节映入了眼帘——墙壁由普兰那（Prun）石材建造。建筑的
入口由向外突出的、钢骨架混凝土墙强调出来，将参观者引导进入
室内。与室外相比，建筑之室内体现出所有三种环境要素的强烈对
比——热能的、视觉的以及声学的。入口大厅较暗，但光线恰当而
且清凉，也很舒适和宁静。这使得参观者能够适应接下来的游览，
即进入一楼左侧的雕塑展厅——"纵深"（enfilade）的空间序列。

　　站在第一间展厅的入口望过去，室内旧的肌理与新的饰面被细
致地区分开来，空间相对昏暗，成排的雕塑被光线所照亮——这些
光线由其左侧的窗户，即建筑物的南面照射进来，但至今仍未进入
视野（图 5.10）。在空间轴线的尽端，透过一块富有斯卡帕特色的金
属格栅可以看到坎格兰德雕塑空间的底部。室内的光线强烈而且方
向鲜明，它的品质经由墙体抹灰的质感、中性的墙面色彩以及大理

图 5.11
带有高侧窗的小神龛

石和板岩地面的横向条带而得到了加强。光洁的抹灰顶棚，其灰暗的色调有助于空间平静下来，并将人的注意力聚焦于由雕塑界定出的人体尺度之区域。在炎炎夏日，由于其环境相对凉爽，因而更凸显出空间之宁静。

在进入第一座展厅时，参观者的注意力立刻被吸引到其南侧。在那里"小神龛"的内侧空间——有如洞穴一般——矗立在哥特式尖拱天窗的下面（图5.11）。这扇高侧窗将光线引入建筑的主体之内，并强有力地塑造出那里的雕塑。"小神龛"则包含了一种性质完全不同的光线。其黑色抹灰墙面与深褐色的陶瓷砖地板被倾泻下来的光线猛地照亮，这些光线从通长的高侧窗照射进来，与主展厅宁静的光线形成了强烈的对比。从展厅望出去，高侧窗将庭院入口上方的高塔框成了一道风景。这种垂直性的光线与水平性的光线相并置，有力地强化了两个空间之间的区别。斯卡帕的意图——有关小神龛的照明与主展厅之间的关系——在其方案发展过程当中所绘制的草图上，体现得尤为清晰。

在这一线性的空间序列当中，每座独立雕塑的摆放位置和朝向都与整栋建筑的构图完全融合为一体。它们以这样一种方式占据着"光场"——其揭示出并解释了各自作为艺术品的特质，但作为一种回馈，它们也通过材料、形式以及光线的相互关系来展现建筑空间的特性。大多数的雕塑都是自由地摆放在空间当中，只有少数雕像经过精确定位。例如，位于第三展厅之中的"加冕的圣母"（Madonna Incoronata）与"圣母和圣婴"（Madonna con Bambino），它们的摆

图5.12
（左）"加冕的圣母"
之细节
（中和右）"圣母和圣
婴"之细节

放位置与这一空间北墙前面竖立的建筑插入体——蓝色与红色抹灰的钢框架屏风——形成特定的关系（图5.12）。通过其尺寸、材质和位置，这扇屏风重塑了空间及其光线的性质，从而强调了这些如此小型的雕塑的意义。这些房间以及这些雕塑的品质——体现在它们支持了塞尔吉奥·洛斯提出的假想——尤其借鉴了卡诺瓦石膏像博物馆，"建筑师为雕塑提供了空间，并将它们置于正确的光线之下，以这种方式'构成'了自己所占据的空间"[16]。

斯卡帕用来陈列绘画作品的空间——位于瑞杰古堡（Reggia）以及堡垒的上层展厅——其处理方式与他在雕塑展厅中所采用的相一致（图5.13）。但是出于对绘画作品的展示与保护的要求，致使其采用了一种比雕塑展厅显然更为简单的介入方式。对于艺术作品来说，在这里建筑系统变成了一个相对简单的背景，它通过洞口的纱窗将光线柔和地过滤。

正如在石膏像博物馆中的情况一样，它再一次以显著的证据表明斯卡帕深刻地意识到了建筑的热工性能。古堡博物馆现存结构的格

图5.13
位于瑞杰古堡中的绘画

[16] Sergio Los, op. cit.

局——其巨大的砖石墙体以及小型的窗洞——对于威尼托的气候来说是一种热响应，同时对于军事工程的防御性要求来说也是如此。在帕拉第奥的《建筑四书》当中，对于热响应的明确说明就是这一方面的证据。[17] 这些富有特色的构造与形式，其目的和作用是在炎炎夏日里将预防过热放置于首要地位。在古堡的夏日，让人体验到的正是这种对比——即炎热的庭院与清凉的室内。

然而在冬季，威尼托的气候往往寒冷而潮湿，建筑必须供暖，正如帕拉第奥关注了壁炉和烟囱的设计即证明了这一点。斯卡帕在古堡博物馆建筑创作的一个显著特点是，它们对供热系统构件的特性、摆放位置以及表现性给予了关注。在入口大厅，一件大型铸铁散热器明显地摆放于大门入口与出口之间的地板上（图 5.14）。就在这个位置，它将有效地缓解开门和关门的影响；而且它的存在也表明，在冬季从寒冷的庭院向室内过渡——无论是在生理上，还是从心理上——人都将立即感受到它。该设备既是功能器具，也是象征性符号。

图 5.14
入口大厅内的散热器

［17］Andrea Palladio, *The Four Books of Architecture*, op. cit.

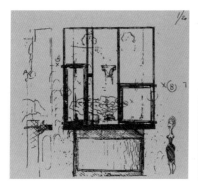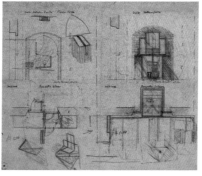

图 5.15（左图）
第二展厅中窗户与散热
器之间关系的草图

图 5.16（右图）
平面草图，显示散热器
的位置

在雕塑展厅当中，散热器通常布置在展厅与展厅之间分隔墙的凹槽内。但在两个重要的空间节点上，热源与建筑形成了复杂的关系。在第二间展厅，斯卡帕从哥特式窗户的背后植入了一扇巨大的长方形窗框。就在其下方的凹槽里，他布置了一件铸铁散热器。这是一种相对传统的布置方式，但在这里它将展厅的侧壁解放了出来，用来作为独立式雕塑的背景墙而未被打破（图 5.15）。

在第三间展厅，斯卡帕将一个复杂的组合体——墙壁与窗户、实与虚——插入进哥特式凉廊的三个开间之中（图 5.16）。该凉廊是一个相对现代的介入物，建造于 1923 年；当时这座原本用于军事目的的构筑物增添了哥特式的建筑元素，而转变成了一座宫殿。说到这里，斯卡帕宣称："古堡博物馆全都是诡计。我决定打破哥特式建筑所要求的对称性：哥特式，尤其是威尼斯版本的哥特式，不是特别对称的。"[18] 通过在不对称的玻璃与实板之幕墙的上部插入一扇高侧窗——其竖框呈现出切分音的节奏，斯卡帕打破了凉廊的对称性。在建筑内部，这个幕墙安置了两个散热器——它们服务于这个空间，并与窗户以及因而与热损失的主要位置形成了一种确切的关系。从而，囊括于哥特式拱廊之内的整个装配式构筑物变成了一套复杂的装置，用来接纳自然采光并且向房间提供人工制热。

穿过展厅我们发现，在空间序列的尽端，斯卡帕运用了吊顶天

［18］Carlo Scarpa, op. cit.

图 5.17
石膏板吊顶上的
格栅风口

花板——现代建筑的一种标准元素。在其上方，明显存在着一个相对常规的通风系统，它通过格栅风口对下面的空间提供服务。与以往一样，斯卡帕通过对形式和材料进行关注，使建筑传统获得了转化。在这里，铬黄色的格栅风口镶嵌于炫光抹灰（stucco lucido）的钴蓝色天花板上（图 5.17）。

斯卡帕在古堡博物馆的改造设计可以恰如其分地成为，赋予一座历史建筑以新生命和新意义的最佳实例之一。理查德·墨菲（Richard Murphy）已经注意到斯卡帕的方法与威廉·莫里斯（William Morris）的哲学之间的相似性，莫里斯将历史的连续性定义为"永恒之变化"。[19]通常来说，有关建筑保护的探讨涉及材料、结构、施工以及空间组织等问题，但是对该建筑仔细分析之后显示，对于斯卡帕来说建筑环境的本质——无论是自然的，还是机械方面的——都是该问题的核心。正如在波萨尼奥的建筑作品一样，他对光线的精湛操控成为其展示与阐释建筑所陈列艺术作品的一个主要元素，而且对于建筑自身的平行叙事来说也同样如此。此外，他将供暖设备的组件整合为一体的方法，被构想为如同一种现代化般的保护问题，并将这种常见的世俗功能提升至一个新的建筑表现水平。

---

[19] Richard Murphy, op. cit.

奎里尼·斯坦帕利亚基金会博物馆，威尼斯

在威尼斯的奎里尼·斯坦帕利亚基金会博物馆（1961—1963年）[20]中，斯卡帕再一次展示了他在整合 20 世纪环境系统要素方面的独创性（图 5.18）。博物馆的主展厅贯穿于这座历史建筑的全长，并且将联通运河之水闸与花园庭院连接起来。该空间——被用于各类展览和各种功能——由两组散热器供暖，每一组散热器都以不同的方式嵌入进建筑当中。在水闸的入口处，矗立着一座镶嵌着金箔的石灰华石与玻璃的组合体。这里面安置了一座大型的铸铁散热器——向大厅敞开着——是对热源进行精心的颂扬和包容（图 5.19）。在其对面，即朝向花园的窗口处，我们又看到一个散热器设备——它让人想起古堡博物馆的凉廊幕墙。但在这里，散热器摆放在玻璃窗前的一个角钢框架上，于此处——与在维罗纳的设计不同——它背对

图 5.18（左图）
奎里尼·斯坦帕利亚基金会博物馆，威尼斯，一层平面图

图 5.19（右图）
奎里尼·斯坦帕利亚基金会博物馆，散热器柜体

---

[20] 参见 Kenneth Frampton, *Studies in Tectonic Culture: The Poetics of Construction in Nineteenth and Twentieth Century Architecture*: MIT Press, Cambridge, MA, 1995。书中分析了奎里尼·斯坦帕利亚基金会博物馆中的建造品质。

图 5.20
置于玻璃幕墙的散热器
以及石灰华大理石墙内
的嵌入式照明

着来自花园方向的光线，形成了剪影（图 5.20）。这个散热器"柜体"是一个纯粹原创的发明，并且——在紧凑性与强度方面——将现代热源转换成了某种更类似于传统建筑中的壁炉之物。

从任何一侧来看，这间大厅都有完美的自然采光以威尼斯宫（Venetian palazzo）的方式，然而它的现代人工照明系统却是斯卡帕的另一项发明。建筑现存的侧墙贴上了石灰华大理石，沿着大理石墙面的整个长度间断地插入与墙面齐平的毛玻璃面板——覆盖在荧光灯的外面。这些玻璃面板向整个厅发出一种不刺眼的光线。这些灯设置于视线的高度，因此它们被视为水平性的，被认为是视线或者透视构造的地平线。

维罗纳大众银行总部

办公建筑或许是 20 世纪最普遍的建筑类型。为了适应单调乏味的商业和行政管理功能，一种以技术为基础的建筑类型由此产生，在建筑设计时实用性与一致性通常要优先于诗意性和多样性。整个现代世界的城市都由这些建筑所主导——它们为相同的功能提供同样的环境，而且也代表着全球化对于地域特征的胜利。1973 年，斯卡帕接受委托扩建维罗纳大众银行总部办公楼，建筑位于城市历史中心区的一块基地上。他做出的回应，几乎不可避免地挑战了有关现代办公楼的通常设想——几乎是在每一个方面。[21]

为了腾出空间进行扩建，位于诺加拉广场（Piazza Nogara）的现有银行办公楼将毗邻的两栋建筑拆除了。办公楼的主入口仍保留在现存建筑当中，而扩建部分则由此处进入——通过一个从半层高的平台升起的一小段楼梯——为公众提供特殊服务。其上面的楼层包含银行的总部管理办公室，顶层则是开放式的信托办公室空间。

建筑平面图显示，该建筑物同时提供了开放式平面空间和封闭的办公室（图 5.21）。其结构与空间组织基于一种简单的布局——由结构柱界定出来的中脊空间，里面包含了垂直交通电梯。然而，这一清晰的逻辑针对场地的具体情况调整了一下，就在相邻的墙壁处需要稍微偏离正交位置以适应新的建筑。

建筑的开窗抛弃了大多数现代办公楼重复似的处理方式，取而代之的是对中世纪城市文脉和条件做出更为具体的回应。其南北立面分别朝向广场与内部庭院，在办公空间的中央楼层，其总部管理的单元式房间通过混凝土外墙上的圆形窗采光。该窗是斯卡帕创作方法的一个实例，这种方法对即便是最传统的建筑元素也可以进行再创造与探索。该设计由一扇未安装玻璃的圆窗构成，其内侧是一个较大的矩形窗洞，镶嵌着一扇装有玻璃的木窗框。[22] 光

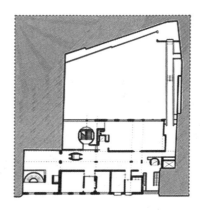

图 5.21
维罗纳大众银行总部，标高为 9.70 米处的建筑平面图。这是大楼顶层信托办公室的开放式平面

［21］对该建筑的详细描述，参见 *La Sede Centrale della Banca Popolare di Verona*, Arrigo Rudi and Valter Rossetto (eds), published by Banca Popolare di Verona, 1983.

［22］Sergio Los, *Carlo Scarpa*, Benedikt Taschen, Köln, 1993. 该书对大众银行总部的开窗设计做了很好的介绍。

线在建筑的外立面与内框架之间的空隙当中相互反射，以及圆形的大理石窗套对圆形窗洞进行柔化，实现了从明亮的室外向光线柔和的办公室的过渡。斯卡帕的草图清楚地表明了他的意图。值得注意的是，内侧的木窗框上安装了窗扇开启灯。

在这一楼层，斯卡帕有两处地方并没有采用这种解决方案，他为外墙西端的两间小办公室设置了无框的玻璃凸窗进行采光（图5.22）。这种变更似乎更像是出于构图的考虑而非源自环境逻辑，因为这些窗与服务于楼下开放式平面的一对相应的窗户构成了一组；然而这些窗户的效果——关于它们所服务房间的照明质量——在其草图中有过仔细研究。除此以外，在总部管理办公下面的一层，这些窗户——同时在北立面与南立面——都是在砌体墙上以金属框进行简洁地开洞，但在这里它们紧紧贴附于建筑的外墙。在其楼上一层，建筑的顶部为一个连续的窗户系统，它设置于支撑屋顶的外部钢结构的背后。在建筑的南立面，斯卡帕通过整合一个单独控制的百叶窗系统来体现北向与南向之间的差异（图5.23）。

在整座建筑当中，斯卡帕的创造力为标准化的办公环境提供了另一种选择。他注意到了开窗的细节，注意到了窗户与照明空间的关系，这为办公环境带来多样性和丰富性——在公司办公大楼标准化的解决方案当中，这种情况很少出现。大众银行建筑室

图 5.22（左图）
朝向诺加拉广场的建筑立面之细节

图 5.23（右图）
朝向庭院的建筑南立面之细节

图 5.24
位于新老建筑连接处的
螺旋形楼梯

内之特殊品质在于，斯卡帕所采用的饰面方式。抛光与彩色的炫
光抹灰被应用到多处室内墙面，尤其是与垂直的交通要素——楼
梯和电梯间——相关联。这不仅仅是一种装饰性的手段，因为这
种形式与材料相结合的镜面反射用来将光线深入传送到建筑的中
心位置（图 5.24）。

　　现代化的办公楼，几乎不可避免地具备综合性的供暖、制冷与
通风系统。大众银行也不例外，然而斯卡帕独创性的思想使他避免
了以传统的方法将该系统实质性地结合进建筑的组织结构当中。若
干竖向立管从地下室机房向上为建筑提供服务，一根大型的水平管
道运行于屋顶层平面，将这些立管连接到屋顶机房（图 5.25）。该建
筑的结构系统与环境系统的关系在各楼层吊顶的设计当中获得了体
现。与大多数现代办公楼中采用连续吊顶的垂直分层方式不同，斯
卡帕在结构区域与服务区域之间确立了一种明确的水平区分。从而，
天花板平面在暴露的混凝土结构与设备空间之下的抹灰面之间交替
出现。它组织并限定了人工照明与空调格栅的位置（图 5.26）。正如
肯尼斯·弗兰普顿所观察到的那样：

　　　　通过接缝处理，石膏天花板进一步被分割为相当大的
　　块面，其悬浮性质由此显现；这不仅让整体天花板尺度显

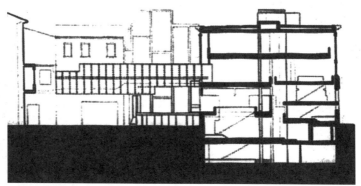

5.25（上图）
建筑剖面通过员工楼
梯向西看。注意在屋
顶高度水平向的服务
管道

图5.26（下两图）
天花板组织并限定了
人工照明与空调格栅
的位置

得开阔，而且还将视线转到显要之节点，于此处，通过抹灰混凝土柱头与天花板保持了齐平。[23]

所有这些建筑都表明了斯卡帕对于建筑环境方面的敏锐感知。这种敏感性是基于他对历史先例，对乡土建筑和帕拉第奥经典建筑的潜在可能性的理解，以此作为在威尼托气候条件下的当代设计的典范。在他的那些令人非常满意的设计当中，其体积关系、材料关系以及实和虚的关系——源自于这些历史先例——获得了普遍认可并且被重新诠释。在波萨尼奥，凹凸角窗这样的灵感创意将卡诺瓦的雕塑带入一个完全现代的自然光场中。古堡博物馆的改造项目则将艺术品与历史建筑联系在一起，为一个新的时代将它们重新呈现

---

[23] Kenneth Frampton, op. cit.

并且进行诠释。在古堡博物馆和奎里尼·斯坦帕利亚基金会博物馆中，新的服务设施展示出，它们是如何通过直白的表达手段提供了现代程度的舒适，从而有助于古建筑的历史连续性。大众银行的扩建项目则体现了商业环境是如何以同样高水平的创意获得实现，而通常它只被运用于文化机构的建筑当中。

　　1976 年在维也纳的演讲中，斯卡帕说道："建筑是一种很难理解的语言——它是神秘的，与其他的艺术不同……一件作品的价值就在于它的表达——当一件事获得了很好的表达，它的价值就很高。"[24]

---

[24] Carlo Scarpa, "Can Architecture Be Poetry?", in Dal Co and Mazzariol, op. cit.

第 6 章

适应光的建筑
——西格德·莱韦伦茨

视觉适应

　　人类视觉最显著的特征之一就是，在不同等级的光线强度下——从无月之夜的一片漆黑到明媚阳光之夏的眩目亮光——我们都能够看得见。这种现象被称为视觉适应，其发生机制及其对建筑设计的影响一直都是许多研究的主题。[1]一座建筑的外围护结构不可避免地遮挡住了室外天光的照明范围，而照射进室内的光线总量则是由窗户与天窗的大小和位置，以及室内空间面饰材料的反射率决定的。原则上，光线强度的可能性范围几乎可以是无限的，但在通常的做法中人们会按照经验习惯加以控制，以确保恰当之光线服务于实际的用途。

　　但是，正如本书中的其他篇章所述[2]，建筑中有很多场合光线都发挥出更为深刻之作用，而不只是维持实际的需求。斯德哥尔摩附近比约克哈根（Björkhagen）的圣马可教堂（1956—1964 年）以及位于克利潘（Klippan）的圣彼得教堂（1962—1966 年）是由西格德·莱韦伦茨所设计，在对这两座教堂光线之本质的评论中科

---

[1] See Richard Gregory, *Eye and Brain: The Psychology of Seeing,* Weidenfeld and Nicholson, London, 1966. 前者明确地阐述了有关视觉适应的生理与心理基础，后者是而关于视觉适应在建筑科学方面的具体影响。参见 R.G. Hopkinson *et al., Daylighting,* Heinemann, London, 1966。

[2] 参见作品实例：索恩，本书第 1 章；路易斯·康，第 4 章；斯卡帕，第 5 章；霍尔、西扎与卒姆托，第 9 章。

林·圣·约翰·威尔逊做出了如下观察：

　　这里没有哥特式教堂的彩色光辉，也不存在从布吕格曼（Bryggman）延续至莱维斯卡（Leiviska）的当代建筑传统所采用的耀眼的白色，我们被引导进入了黑暗之中。沉浸于那暗黑的中心位置，所有的感官都被它调动起来以判断其边界，因此我们不得不止步。在一次对自己的作品进行阐释的罕见时刻，莱韦伦茨指出，柔和的光线开始丰富起来——恰恰是以体现出空间之本质所必须达到的视觉程度——光线的出现也仅仅是对人们进入黑暗之后的摸索进行回应。这种缓慢地领略空间的方式（以这种方式，空间渐渐为你所有），促使个体融入进一场共享的公共仪式之中，那就是神圣的本质。只有在如此的黑暗之中，光线开始呈现出一种形象化的品质——蜡烛火焰的鲜活之光，或者是如同在克利潘的教堂中那样，一排的屋顶天窗，它在圣器与祭坛之间构成了一道光明之路。[3]

　　上述分析意味深长，事实上这是对视觉适应机制的诗意化描述。这种"缓慢地领略空间的方式"是眼睛逐渐适应的结果，即从视网膜的"锥状细胞"——通过它我们体验到明亮的日光环境——转向视网膜的"杆状细胞"，"杆状细胞"在弱光条件下发挥作用。心理学家理查德·格雷戈里（Richard Gregory）以一种不同的但也是充满诗意的方式阐释了这一过程，他认为：

　　可以这么说，从人类视网膜锥状细胞的中心区移动到

---

[3] Colin St John Wilson, *Sigurd Lewerentz and the Dilemma of Classicism*, The Architectural Association, London, 1989. This essay may also be found in *Architectural Reflections: Studies in the Philosophy and Practice of Architecture*, Butterworth Architecture, Oxford, 1992.

其外围杆状细胞是人类进化历程之回溯，即从最高度组织化的生理结构转向一种原始的眼睛，它仅仅是去感知简单的阴暗运动。[4]

另外，尤其是建筑学方面，尤哈尼·帕拉斯玛在其著作《肌肤之目》（*The Eyes of the Skin*）[5]中洞察到了这种诗意化的视觉适应，他写道：

> 眼睛是疏远与距离的器官，而触觉则是近距离、亲密与情爱的感官。眼睛代表了掌控和审视，而触摸意味着靠近与安抚。在强烈的情绪状态下，我们倾向于关闭长距离的视觉意识；当我们爱抚自己的心上人时，会闭上自己的眼睛。浓厚的阴影和黑暗是必不可少的，因为它们会让视觉敏锐度降低，使深度和距离变得模糊不清，由此引发无意识的边缘视觉以及触觉幻想。

在漫长的一生当中，莱韦伦茨多次设计过宗教建筑。[6]相对于他早期的作品，可以认为圣马可教堂与圣彼得教堂这两件建筑杰作在某种方式上，类似于贝多芬晚期弦乐四重奏中所体现出的，突然在题材和语言上进行了革新。一方面，这些教堂对于形式、材料与光线的明确组织，尤其是对于黑暗的运用，是其早期作品中无法预见的；但另一方面，其巧妙地组织光线以表达终结，在莱韦伦茨最早的项目当中也明显存在。

1915 年，莱韦伦茨——与埃里克·贡纳尔·阿斯普朗德合作——

[4] Richard Gregory, op. cit.

[5] Juhani Pallasmaa, *The Eyes of the Skin: Architecture and the Senses*, Academy Editions, London, 1996.

[6] 对于莱韦伦茨作品的全面描述，参见 Janne Ahlin, *Sigurd Lewerentz: Architect*, Byggförlaget, Stockholm, 1985, English edition, Byggförlaget/MIT Press, Stockholm and Cambridge, MA, 1987 and Nicola Flora, Paolo Giardiello and Gennaro Postiglione (eds), *Sigurd Lewerentz: 1885–1975*, Electa, Milan, 2001.

在位于恩斯克登（Enskade）的斯德哥尔摩南部公墓扩建竞赛当中荣获了一等奖。在草坪式的开放空间与稠密的森林并存的景观之中，建筑师设置了一系列的教堂与其他建筑，有的相互关联，有的独立。第一座重要的建筑就是阿斯普朗德设计的林地礼拜堂（Woodland Chapel），竣工于1920年；而在随后的1923—1925年间，莱韦伦茨完成了复活教堂（Chapel of the Resurrection）。

复活教堂，斯德哥尔摩（1923—1925 年）

复活教堂坐落在园区一条悠长的轴向通道之南端，通道由北向南贯穿森林（图6.1）。要进入小教堂，得从其北侧先穿过一座醒目的独立式门廊；门廊平面微微偏转，以对应教堂建筑的主体。教堂的室内空间由几何学调控[7]，其主轴为东西方向。教堂内部为一个简朴的白色盒子，墙壁表面饰以微微凸起的壁柱（图6.2和图6.3）。室内东侧，有一座笔挺的祭坛华盖，它与雄伟的门廊形成呼应；祭坛华盖的前部安置了一座灵柩。教堂通过一扇位于南墙上部的三截窗（three-light window）采光，并精确地对祭坛华盖和灵柩

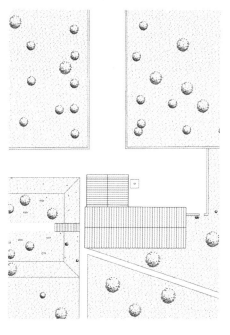

图 6.1
复活教堂，总平面图

---

[7] 汉斯·诺登斯特罗姆（Hans Nordenström）在其著作《房屋》中详细地分析了整座建筑的几何秩序，雅纳·阿林将这一部分全面转载于自己的著作《西格德·莱韦伦茨》。

图 6.2（上左图）
复活教堂，建筑平面图

图 6.3（上右图）
复活教堂，建筑剖面图

图 6.4（下两图）
教堂南向窗户的外观

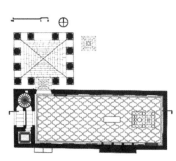

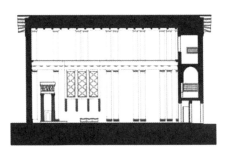

进行照明与塑形（图 6.4）。这一温暖之光的意义重大，因为来访者穿越黑暗森林的旅途，而且经过阴暗、无窗的建筑北立面进入到教堂内部，正好在这里停留。随着仪式进行，哀悼者们离开教堂从另一个出入口到达教堂的西侧。阿林（Ahlin）对这一过程做出如下描述：

> 哀悼者将沿着阴暗的北外墙等待。然后他们被引领穿过教堂入口——将他们的注意力转向东方——朝向了日出。在仪式结束之后，他们将穿过一扇低矮之门走出去；该门面向西侧的景观开启。在这里地坪被削低，而且松树稀疏。

光线有如潮水般地涌入，视野变得非常开阔，而人的瞳孔也将收缩。此时，人的目光又回到了现实生活。[8]

这一分析揭示出莱韦伦茨能够精确地操控视觉适应之潜能，即从昏暗的室外到达处于控制之下、光线昏暗、方向性明确的室内，最终又在短暂的眩光之后迅速地调整为林间空地的饱满阳光。

在这座教堂中，光显然是主要的环境手段。然而，莱韦伦茨敏感地意识到热舒适度与声音这两者的重要性。教堂地面采用略有起伏的灰色大理石马赛克铺地，其下面是一种火炕式的供暖系统。莱韦伦茨如此描述该供暖方案：

> 该教堂之采暖部分是采用独立式的散热器，以及通过一种空心砖的管道系统来加热地板。对于这种管道系统，通过采用马赛克石铺面，地板的面层已经做到了尽可能的薄。[9]

> 印有图案的天花板，其上面的薄镶板对于声音的扩散起到了声学的功能；其上方的屋顶空隙设置了一道布与棉绒的声音吸收层，"以避免在演讲和唱诗时，受到令人不安的汽车噪音的干扰"。[10]

这座建筑与正统古典主义传统的复杂联系，人们已经有过广泛地讨论。[11]从环境的视角来看，这显然是一件独具匠心的作品；它精确地控制着光线的强弱与氛围，成为其叙事策略的核心。这种体验并不引人注意，但莱韦伦茨所创造的热环境与声环境同样准确地证实了这一点。其晚期的两座教堂，采用了一套完全不同的形式和

---

[8] Ahlin, op. cit.

[9] Sigurd Lewerentz quoted in ibid. 有趣的是，原本放置于建筑南墙东角落的一件高耸的铸铁散热器——从早期的照片中可以看到——现在已经被移除了。

[10] Ibid.

[11] Colin St John Wilson, op. cit. and "Sigurd Lewerentz: The Sacred Buildings and the Sacred Sites", in Nicola Flora, et al., op. cit., and Nicola Flora et al., "Journey to Italy", in the same work.

材料语言，但它有可能——尽管两者之间存在着差异——体现出是一种对同样复杂的环境敏感性的延续，尤其是它们对于塑造神圣场所的视觉适应范围具有相同的理解。

圣马可教堂，斯德哥尔摩比约克哈根（1955—1964 年）

1955 年，即复活教堂建成的 30 年之后，莱韦伦茨赢得了在斯德哥尔摩南郊的比约克哈根建造圣马可教区教堂的设计竞赛。场地上面有一小片白桦树林，相对于周围的地形而言，该场地略低。莱韦伦茨的设计由两座建筑组成：一座包含办公用房的低矮翼，与钟楼相连；另一座为 L 形体块——其容纳着一系列的教区活动房间——与教堂本身相联系。办公用房与教区用房相互独立，围合出一座庭院。其西侧是通向建筑的主要路径，向前穿过白桦树林并经过立方体式的钟楼到达庭院的入口，从那里教堂建筑的主体映入了眼帘。

在其间的数十年中，莱韦伦茨的设计经历了多个发展阶段。[12] 关于莱韦伦茨为神圣建筑所做设计的具体转变，科林·圣约翰·威尔逊已经确认圣格特鲁德与圣克努特教堂（chapels of St Gertrud and St Knut）——1941 年建于马尔默东区墓园（Malmö Eastern Cemetery）——正是其"转型"的关键时刻：

> 在这里，莱韦伦茨用一种完全属于自己的语言表达出来。到那时为止，他的设计已经能够对所学习之语言进行把控——无论是新古典主义的，还是自从 1930 年斯德哥尔摩世界博览会开始的理性主义的语言。但就在这一时刻，

---

[12] 这是由尼科拉·弗洛拉等人全面绘制的。

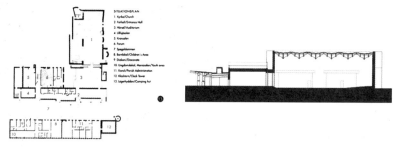

图 6.5（左图）
圣马可教堂，建筑平面图

图 6.6（右图）
圣马可教堂，建筑剖面图

我们可以说他的作品发生了"转型"或者根本性的转变。[13]

圣马可教堂是莱韦伦茨设计的首座以砖作为主要建筑材料的建筑。教堂的室内墙壁采用了清水砖墙，并由一系列的砖穹顶覆盖空间；拱顶以铁梁作为支撑，由南到北横跨建筑平面。地板由陶砖铺砌，其间镶嵌方砖。正是在这里，莱韦伦茨首次采用这种规则——即采用"袋状"的宽灰缝而无需切砖。教堂从建筑的西南角穿过一扇门进入，该大门由一堵高大的、独立式的屏风砖墙遮蔽。教堂平面以一座中殿构成，其北边单独有一条"侧廊"（aisle）。这里有领洗池，它以一整块北瑞典石灰石雕刻而成，以及一架管风琴——安装在一座由莱韦伦茨设计的木箱子里（图 6.5 和图 6.6）。

与显而易见的期望正相反，通过最少量地向室内投射阳光，莱韦伦茨创造出了暗黑的有形物（materiality）（图 6.7 和图 6.8）。教堂的中殿区域仅由 5 个洞口获得采光，全都处于建筑的南墙上。最大的洞口为一扇对窗——以一条窄窄的砖墩分隔——窗台直接落地，以照亮圣殿。其西侧有两个方形的洞口，窗台较高；靠近入口处有一扇位于墙壁上部的窗户，它被入口处弯曲的屏风砖墙所遮蔽。"侧廊"由两条光槽所照亮——形成于其所处的位置，即北墙呈阶梯状断裂开来——阳光沿着质感丰富的砖墙以"切线"入射角度从东侧斜斜

---

[13] Colin St John Wilson, "The Sacred Buildings and the Sacred Sites", op. cit.

图 6.7（左图）
圣马可教堂，建筑南立
面

图 6.8（右图）
圣马可教堂的室内向东
看

地投射下来。

　　这种对体量、材质与光线之组织，其结果形成了一种复杂的照明领域，在整体暗淡的氛围之中它强调出了空间中的特定区域——祭坛桌、讲坛、圣洗池和管风琴。莱韦伦茨使用无框的玻璃板贴附于南墙砖砌体的内表面上，以强调外部与内部之间的亮度对比（图 6.9）。一进入教堂，我们看到抛光的红铜与黄铜灯具阵列般地悬挂于大厅当中，用来缓解室内的漆黑。这些灯具提供了人造照明，以弥补窗户进光的不足，然而其镜子一般的表面被来自窗户的光线照亮并且相互反射，为视野增添了一项额外的要素。小烛台与精心布置的聚光灯为室内带来更为多样化的照明；用来点缀祭坛的十字架和烛台，其闪闪发光的镀金和镀银也起到同样之效果。

　　在教堂的北部侧廊，人工照明用来点亮洗礼池与管风琴。闪闪发光的黄铜吊灯悬挂于洗礼盆的上空，它让人们的视线聚焦于教堂的这个显著位置，并象征着洗礼活动的重要性（图 6.10）。木箱式的管风琴实际上是一座微型的内置建筑，当明亮的光线从乐谱架倾泻下来照射进建筑内部，其本身即成为一处光源（图 6.11）。

　　在仪式活动结束之后，教徒们离开教堂，通过滑动似的木屏风板进入更明亮的教区活动室（Fellowship Hall）——重演了存在于复

图 6.9（上左图）
圣马可教堂，窗户细节

图 6.10（上右图）
圣马可教堂，采用抛光
黄铜顶灯的洗礼盆

图 6.11（下图）
圣马可教堂的管风琴

活教堂的那种空间序列。

　　视觉适应的特殊属性就在于，我们所能适应的光线的总体水平决定了我们如何观看以及我们所看到的对象。这就意味着，在光线较暗的环境中特定的对象要比其在更为明亮的环境中显得更亮。[14] 莱韦伦茨在圣马可教堂当中所运用的正是这种效应。在室内普遍的黑暗中，自然光与人造光强烈的光斑以不断变化的关系脱颖而出。

[14] 参见 R.G. Hopkinson et al., op. cit. 本书对此有详细的解释。

空间不仅被照亮了，而且也成为光的构成物。视觉适应的另一个重要特征是，通过该过程我们逐渐适应了较暗的光。正如格雷戈里所解释的那样，所谓的"暗"适应其实发生在黑暗的最初几分钟内，然而人眼杆状细胞与锥状细胞的适应速率各不相同。[15] 锥状细胞大约七分钟就能完成适应，但是杆状细胞却要不断地调整大约一个多小时的时间。这就意味着，随着教堂仪式的过程当中圣马可教堂的礼拜者们将逐渐感受到更多的空间细节——一种对于启示的强有力之象征。这是莱韦伦茨对人类视觉本质之敏感性的一种延续，它曾体现于复活教堂当中，经由每周礼拜不同的要求以及莱韦伦茨新颖且惊人的原创性语言之启示转变而成。

　　建造教堂采用的是未经过任何修饰的生砖，这促使莱韦伦茨发明出一种悬挂灯具的方法，其中钢索横跨室内空间以悬挂一盏一盏的吊灯及其供电电线。线管、电缆与开关安装于毛砖墙上，仅仅是安在需要它们的位置；这并非亡羊补牢似的拙略处理，而是作为建筑物质性的重要表达。尽管这些服务设备都如此明确地展示了出来，然而莱韦伦茨对于供暖与通风系统依然保持着谨慎，正如他曾经在复活教堂中那样。教堂厚实围护墙壁的空腔当中容纳了一种机械通风系统，它通过砖砌体中的一组洞口释放出热量，尤其是在教堂中殿的南墙上。这些细微的孔洞也承担起声学功能——可以充当吸声性的空腔，以控制高反射性材料的混响。室内砖拱顶有节奏地起伏也将有助于声音效果，它以一种类似于复活教堂中天花板薄镶板的方式扩散反射声。

　　因此我们可以看到，环境主题在莱韦伦茨创作的后期"转型"中发挥了重要作用。他对神圣仪式当中光的功能的极度敏感性——在复活教堂中已经体现出来——在圣马可教堂中，又获得了强化；通过这种方式，他将自然光与人造光融合为一个丰富且新颖的整体。

---

[15] Richard Gregory, op. cit.

莱韦伦茨对视觉适应机制的理解，几乎可以肯定，是出自直觉而非科学；它允许在昏暗的教堂中呈现一种特定的视觉，其体现并维持着宗教仪式的神秘面纱。

圣彼得教堂，克利潘（1962—1966 年）

圣彼得教堂坐落在赫尔辛堡（Helsingborg）附近的克利潘，它建成于圣马可教堂竣工不久之后，当时莱韦伦茨已经 78 岁了。不言而喻，它延续了最初在比约克哈根的探索主题；而最重要的评论认为，它集此前建筑创作之大成。建筑的平面依然是极度之简练，然而更为紧凑：礼拜堂为矩形体块，它处于 L 形建筑体——容纳了教区功能——的转角处。礼拜堂的平面为一个清晰的正方形，其北边向外突出两个小翼（图 6.12 和图 6.13）。与圣马可教堂的侧廊平面不同，该礼拜堂为一座单一的体量。它有一座砖拱形的屋顶——类似于在比约克哈根的那座教堂——在这里却是东西朝向；而且通过

图 6.12（上图）
圣彼得教堂，建筑平面图

图 6.13（下图）
圣彼得教堂，建筑剖面图

次一级钢结构的支撑——尽管这不是一个合适的术语——其跨度变小了。成对的型钢构成了一个 T 字形的支撑物，它就矗立在空间的中心。这样可以支撑两根横梁，而横梁则用来承载拱顶。建筑的整个外墙由深色的赫尔辛堡砖建造，现在也用在了地面上——地面由西向东形成缓坡，而墙上开启的洞口甚至比圣马可教堂的还要小。那些正方形的窗——两扇位于西立面，另两扇朝向南——细节上正是圣马可教堂中那些窗户的内外反转（图 6.14）。在这里，玻璃以一种简洁的节点构造——钢板与沥青勾缝——固定在墙壁的外表面上。这种转变令其室内能够显示厚厚的砖墙，并且传达出一种甚至更为敏锐的感觉——墙体以闭合的方式存在。但是，与圣马可教堂不同，窗户并非该教堂内唯一存在的自然光源。在另一项构造发明中，或许这比窗户的细节更为显著，莱韦伦茨构建了一系列的天窗井；天窗井突出于屋面，并照亮了室内关键性的场所。这些天窗井其中有两座位于礼拜堂内，而其他的则为婚礼堂和等候室以及圣器室带来了光明。乍一看它们明显相似，然而它们在朝向与重要性方面却有着微妙的区别。

　　建筑的侧窗和天窗与其体量、材质的关系，就意味着该教堂的室内会比圣马克的更为昏暗（图 6.15）。教堂入口的空间序列从其北侧开始，它位于建筑凸出的两翼——婚礼教堂与钟楼——之间。而

图 6.14（左图）
圣彼得教堂，建筑西南侧之外观

图 6.15（右图）
圣彼得教堂，南墙壁之细节显示出一片阳光投射进室内。

图 6.16
圣彼得教堂，在室内看到的天窗采光

实际的入口却在于穿过灯光昏暗的婚礼堂并开启暗视觉适应的过程，它为教堂内部开阔的视野做好了准备，其室内的第一眼是从礼拜堂的西北角所看到的。这个入口由西墙上的一对正方形窗户照亮，窗户正位于其右侧。这些投射光照射在引人注目的洗礼池上，就在入口位置的左边；而洗礼池白色反光的巨形贝壳悬置于一座黑色金属框架之上，其下的砖砌地坪有一道裂沟。向洗礼池望去，满眼皆是复杂砌筑的深色砖。在这里，墙壁、屋顶和地面全都采用赫尔辛堡砖铺砌，与之形成对比的是，室内有一片阳光，它们来自于南向的窗户并且也有的从天窗投射下来（图 6.16）。映射于此建筑背景之上的人工照明，与之前雷同，采用了与圣马可教堂一样的红铜与黄铜灯，它们发出光并且反射形成多个光源。在室内东面与北面墙壁的关键位置，来自烛台架的精准式点光源照映在砖墙上。教堂的上方有一对天窗，覆盖着水平向的玻璃。它们以南北为主要方向，并且从高处的天空中捕获最明亮的光线，将其精确地投射到牧师从圣器室到圣堂的行经路线上，以示意他的入场以及礼仪的开始。其朝向，即意味着直射的阳光将在正午进入室内。詹恩·阿林（Janne

图 6.17
赫尔辛堡老式砖砌建筑
的室内

Ahlin）曾提出，从上方倾斜地照射进来的光轴——他称为"束光"——这种场景是莱韦伦茨从赫尔辛堡的旧砖厂中提炼出来的；它也是圣马可教堂和圣彼得教堂这两者所采用的砌砖灵感之源（图 6.17）。[16]

光线与照明、黑暗与阴影一直都是莱韦伦茨创作的基本元素，从其最早的项目开始便是如此。在圣彼得教堂中，这些元素以一种复杂的组合汇集起来；它们随着眼睛的适应以及随着时间的推移，光线自身发生变化而逐渐显现出来。现代诸多建筑以明亮为风尚，与之相反，这座建筑却如此的黑暗并且隐喻了黑暗——它出人意料地将光线的本性更为充分地体现出来。

莱韦伦茨采用了一种类似于圣马可教堂所使用的系统来悬挂并展现吊灯。但在这里承重钢索却是贯穿东西方向的，它跨越了介于其间的钢结构。位于倾斜的砖地面与砖拱顶之间的空间，由此获得了垂直方向的层叠：首先是被钢结构所间隔，其次是通过深色电线与钢索编织成的网以及它们所悬挂的抛光金属灯。

建筑的供暖系统也是在圣马可教堂的基础之上所做的改进。地下机房位于教区用房建筑体块之下部，其中设置了锅炉与空气处理机组，从这里暖风被输送到教堂内部（图 6.18）。通过管道，暖气传输至位于砖墙内的开放性阀门。回风口则位于北墙的上部。[17]在

---

[16] Janne Ahlin, op. cit.

[17] 对该装置详细之描述，参见 Edward R. Ford, *The Details of Modern Architecture*, vol. 2: 1928 to 1988, MIT Press, Cambridge, MA, 1996。

教区用房内，暖气经由窗台通长的开口进入室内。建筑内部所预期的那种温暖感，通过厚重的砖砌烟道——以三座大烟囱顶帽收尾——强烈地表现了出来，它们成为教堂与教区建筑之间空间组合的一项关键性的元素（图 6.19）。

音响效果是圣彼得教堂环境总体效应的最后要素。正如我们在圣马可教堂中所发现的那样，幽暗的教堂通过一种平静的声音获得补足，乍一听，似乎与看上去硬朗的砖墙以及空间的体积并不调和。

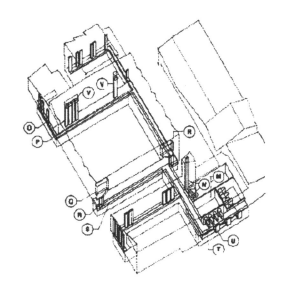

图 6.18（上图）
圣彼得教堂，供暖与通风系统之布局

图 6.19（下两图）
圣彼得教堂，锅炉房的烟囱与烟道

图 6.20
莱韦伦茨最后的工作
室，隆德市，1970 年

这种宁静是由于砖墙中的空腔吸声所造成的，也是拱形屋顶声学扩散的结果。最重要的是，洗礼用水——随着它从贝壳形状的圣洗池滴入砖地面的裂槽当中——发出时断时续的声响。它一直默默地持续着，这种声音强化了教堂灵性，而且成功地将它与外在的日常世界相分离。

在《旋花的顿悟》一文中，即在詹恩·阿林关于莱韦伦茨的著述研究中的结论部分，他描述了建筑师最后的工作室——由房东克拉斯·安塞尔姆（Klas Anselm）为他建造——位于隆德市（Lund）谢夫灵厄大街（Kävlingevägen）第 26 号（图 6.20）：

> 建筑令人意外的简单，即便对于莱韦伦茨也是如此。紧张的劳作之后，安塞尔姆设计出他认为具有莱韦伦茨精神的房屋。其结果是一座闻上去有焦油味的箱状体：地板采用普通松木平铺，外墙用沥青浸渍过的木纤维盖板，以及屋顶由铝皮包覆。三扇亚克力的天窗设置于屋顶的对角线上，它们可以采光，但无法观景。房间的一角有一扇门，可以通往花园。建筑微薄的形体由一对安装于墙壁上锈迹斑斑的散热器为其供暖。[18]

上文捕捉住了莱韦伦茨将简单的物理手段与复杂的环境目的相结合的方法，它贯穿于莱韦伦茨一生的创作当中。我们从中读到：昏暗的光线通过铝箔折射，要素化的热源被精确地指向需要供

---

[18] Janne Ahlin, 'The Epiphany of the Bindweed', in Ahlin, op. cit.

暖的人造形式，焦油的气味以及平铺地板的纹理。从表面上看，这与我们一直在讨论的那三座教堂的气质相距甚远。它们很清楚建筑的构造以及先进的服务设施，但它们力求达到一种与人类环境相类似的直接再现。最特别的是，这些建筑教给我们，其环境是一种复杂的叠合：是关于感觉的，关于自然元素的，尤其是关于照明与机械化供给，关于在北方寒冷的冬季全封闭式采暖以及关于微妙的音响效果。随着时间的流逝，随着我们身体与心灵对莱韦伦茨所创造空间的浓郁氛围进行吸收并且做出回应，这些感觉——多多少少，隐隐约约——都在发生着变化，几乎令人难以察觉。

想象与环境

Part 3

第 7 章
作为庇护所的环境
——费恩与卒姆托

环境基础

正如我们在本书的前面部分所见，一段进程大约开启于 18 世纪中期，由此建筑的本质发生了根本性的转变。逐渐地，一座建筑其形式和构造的环境功能由附加的机械设备进行补充。这些机械设备通过各种方式以及不同的措施，为建筑提供热量、光线、通风与制冷，而那些未增添设备的建筑通常无法实现。在所谓的发达国家中，至 20 世纪末这对建筑的本质——作为人造实物，作为社会容器以及作为经济手段——都具有广泛的影响。一座建筑无论其用途、地点或者规模如何，都会假设它将成为一个结构的、材料的、空间的以及机械化系统的整体。这些将协调运作，以便于常年的、全天候 24 小时的居住和使用。

上述这些是本书中讨论的几乎所有建筑的品质。它们差不多完全有利于其目的，无论其目的是什么，并且它们在许多方面丰富了建筑的体验与审美品质。对于一座现代建筑而言，如果其构思并未采用完整的技术"套装"，这会是异乎寻常的。这种期望几乎总是隐含于对该问题的陈述当中。但偶尔我们认识到，在一些情况下这一问题的本质，或者其特定的解释，又激活了这个问题。当出现这种情况时，我们发现它对于到目前为止传统的以及无可置疑的设想，投射出新的光辉——或许重新点燃了曾经的有益之光。

在波萨尼奥的卡诺瓦石膏像博物馆[1]，矗立于明亮环境下的卡诺瓦作品——那些冷峻的石膏像——在斯卡帕对建筑外围护结构实与虚地精心组织下变得神奇起来，其热品质是建筑的形式和材料与多洛米蒂山之山麓气候相互作用的结果。就其性质而言，雕塑相对不受温度波动的影响，而来访者、游客或者是学者必须将就着他或她的感受，逗留于雕塑所在的环境当中。斯卡帕的建筑根植于威尼托建筑的环境传统，它可以追溯至帕拉第奥及其后续者的策略。然而它绝对属于 20 世纪的建筑，它重新诠释并适应了该地区砖石建筑的品质和特性，以满足其现代功能的特定要求。它同时具备历史性和当代性。正因如此，它才使建筑具有其独特效果。

现代博物馆是这样一种建筑类型，从表面上看，它依赖于全套的机械设备以满足艺术品保护与历史文物保护日益增长的技术要求。这些艺术品与历史文物基于以下的材料——木材、帆布、纸张、布料、颜料、油漆——而材料的脆弱性已经导致其为照度、温度、湿度和空气质量建立起了极其精确的等级规范。为了满足这些需求，现代博物馆几乎总有一个封闭的外壳，于其中大量的工业设备与控制器静静地运转着。但也有一些场合，当这些条件并不适用，或者在没有机械设备的情况下，它可以回归为一座纯粹的、外维护结构的建筑。当这一情况发生时，建筑与其基本要素重新确立了联系。这种品质存在于另外两座重要的建筑物当中：斯维勒·费恩设计的大主教博物馆（1967—1970 年），位于挪威哈马尔；以及彼得·卒姆托设计的罗马考古发掘庇护所（1985—1986年），位于瑞士库尔。

[1] 参见本书第 5 章。

费恩在哈马尔

斯维勒·费恩的建筑展示出一种对语境（context）问题不同寻常的敏感性，既是针对这一概念的物质意义又是在其文化意义上。费恩在描写他在瑞典诺尔雪平（Norrkoping）设计的住宅时，他也援引了帕拉第奥的庇护棚（shade）：

> 在这座住宅里，我遇到了帕拉第奥。他十分劳累，尽管如此，他说道："你将所有的公共设施，浴室、厕所和厨房都布置在了住宅的中央。而我将它做成了一个巨大的房间，你知道，这个带洞口的穹顶并未安装玻璃。当我设计这座住宅的时候，这是对大自然的一个挑战——雨水、空气、热与冷能够进入这个房间。""而且是来自四个方向，"我回答道。[2]

当费耶尔德（Fjeld）在描写该住宅与"昼夜不断的节奏"的密切关系时，他详尽阐述了这座住宅的品质。[3]大自然的这些主题，昼和夜、冬季与夏季，贯穿于费恩的作品当中，以不同的方式获得了表达和诠释。这在威尼斯双年展的北欧展馆中表现得异乎寻常，在那里一座迷人的简单构筑物为艺术品的展示提供了一个背景，它精心地适应了威尼斯夏末时节的气候，适应了现场一棵雅致的树木其独一无二的有形存在。混凝土的结构与玻璃纤维的屋面被组织起来——精确而且富于诗意——形成了一个华盖，以遮蔽太阳的热辐射或者躲避这个季节短暂的降雨。这就是所有的一切。它纯粹是一个庇护所，既纯朴又精巧。

---

[2] Sverre Fehn, cited in Per Olaf Fjeld, *Sverre Fehn: The Thought of Construction*, Rizzoli International Publications, New York, 1983.

[3] Per Olaf Fjeld, op. cit.

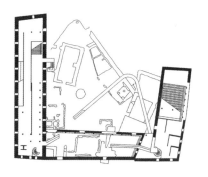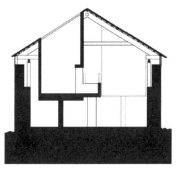

图 7.1（左图）
斯维勒·费恩，哈马尔
大主教博物馆，下层建
筑平面

图 7.2（右图）
建筑西翼（部分）的剖
面图

　　哈马尔的大主教博物馆坐落在米约萨湖（Lake Mjosa）的湖畔——奥斯陆以北两个小时的车程——它面临的问题完全不同，但是采用了与之相一致的想法来解决；它创造出一种必然不同，却同样融洽之结果。这座 14 世纪主教庄园的废墟建筑已经被改造成一座博物馆；它记录下并且呈现出该场地的历史，并展现了一系列从周边地区收集而来的历史文物。费恩将混凝土、木材和玻璃的新建筑与现存的庄园住宅遗迹并置在一起，以这种方式绝对化地表明，其中一个是现代的而另一个是古老的（图 7.1 和图 7.2）。这里并没有尝试去恢复建筑旧的肌理，因为它是对 6 个世纪的建造、使用与衰落所做的有形记录。新的介入措施将建筑遗迹封闭起来、环绕其周围或者植入其中，从而与它们建立起一种丰富的关系。混凝土的坡道、平台与相嵌套的房间确立了其参观路线，以便进入并且穿越博物馆以及文物的展陈区域。木结构、瓦屋面以及传统的长条木盖板与原有的石墙明确地区分开来。该建筑由一排镶嵌着玻璃的金属框架结构与固定于石墙表面的无框平板玻璃建造而成，平板玻璃实现了建筑最终程度的闭合（图 7.3）。[4]

　　在古老的建筑结构与其现代增建部分的布局当中，费恩塑造出了一种复杂而且引人注目的环境。其主要的手段是光线。根据现有

［4］该项目的总体形貌在下面著作当中有图示说明，参见 Christian Norberg-Schulz and Gennaro Postiglione, *Sverre Fehn: Opera completa*, Electa, Milan, 1997；English edition, Monacelli Press, New York, 1997。对该建筑的详细说明，参见 Per Olaf Fjeld, op. cit.。

图 7.3（左图）
建筑东立面，显示出玻
璃外围护和坡屋顶结构

图 7.4（右图）
建筑北翼的上层空间

肌理的既定条件，他巧妙地利用光线的南向与北向、顶部与侧面之区别，在新与旧之间充分地形成孔隙和停顿，魔术般地呈现出一系列完整的环境。这些光线，无论是在现实条件还是在隐喻层面，都为博物馆的穿越旅程及其所陈列的展品提供了照明。费恩也明智地使用了人工照明，它并非是在夜间单纯地代替一下日光而已，而是作为一种特定的元素将其自身的品质带入进环境当中。

博物馆有三处不同的位置用来展览。首先是建筑南翼的夹层，在这里珍贵的物品都被安置于聚光灯下的陈列柜中。其次建筑北翼的大空间——于此之中，有一座独立式混凝土结构容纳着一批民间艺术和农具——其顶部照明是通过铺设在新建屋顶北向坡屋面上的玻璃瓦引入的，其侧面采光则是由建筑北墙和南墙上尚存的窗洞口获得（图 7.4）。这里存在着一种组合的情况，即建筑主要空间的相对整体的照明与相对于光源而言文物的具体摆放位置这两者之结合，正如在深凹的玻璃容器陈设场景所揭示出朝向南的窗户一样（图 7.5）。

正是在建筑的西翼位置，其设计最富有张力。于此处，建筑原本的肌理更加支离破碎，其古迹感尤为显著（图 7.6）。这种肌理实际上就是最主要的展品。费恩设计策略的所有要素都发挥出了作用：屋顶采用了木构架结构，坡道与 3 座小房间采用的是混凝土，以及玻璃的外围护面和结构——其轻轻地附着于石墙的开口之上。光线

穿过残垣断壁的锯齿状轮廓倾泻进入室内，正如费恩所说[5]，这是一种建筑历史的再现。暖色调的木结构屋顶，悬置于冷灰色的原始石块、混凝土的斜坡和 3 座小房间的上空。这些区域采用玻璃天花板封顶，通过上方屋顶的玻璃瓦它们可以获得采光。而展品则由人造光源单独照明，使它们在均匀的日光场中获得了立体感和戏剧性（图 7.7）。

图 7.5（左图）
建筑北翼朝南的窗户

图 7.6（中图）
在建筑西翼（室内）向
南看

图 7.7（右图）
雕塑，置于玻璃屋顶下
的人工照明

这种将古老的肌理与现代的肌理相交织的方式，被用来为博物馆以及文物陈设创造独特的品质，它所包含的正是 20 世纪后期建筑环境诗学中最具说服力的实例之一。费恩纯粹运用建筑的物理组织来对建设场地及其所容纳物体的本质进行诠释，并且将之整合。他几乎完全借助于过去的环境材料，组织气候与肌理要素以创造出一处有别于常规时间的场所。费耶尔德曾观察到："这座建筑是通过建筑材料来反映时间的。其性质——无论是新建筑的还是老房子的，其自然色彩——木材、混凝土和石材的，都是作为一种补充，因此并不存在着一个时代就比另一个时代更好。"[6]

该博物馆在每年夏季向公众开放，从 5—9 月份。在这一年当中的其他时间，它只是为其展陈物品提供一个简单的庇护空间。除了

---

[5] 斯维勒·费恩的演讲，《建筑师斯维勒·费恩的四座建筑》（*Architect Sverre Fehn: 4 Buildings*）视频记录，旋转地球工作室，1997 年。

[6] Per Olaf Fjeld, op. cit.

博物馆南翼之外，建筑的展览空间并不提供暖气。它们只是简单地进行基本的庇护——抵御风吹雨打，仅此而已。在其南翼，更为精美的展陈则由一种电热地板采暖系统提供服务并且进行保护。与建筑照明相比，这些供暖方面的设置在物质上的体现更少，但是对于一种绝对一致的环境哲学来说，它们起到了同等的作用。这座建筑的结构仅仅是作为一座庇护所，以躲避自然的气候。在冬季，它将风雪挡在了外面，但室内的温度接近于外界。这种寒冷与北方冬季之黑暗相互匹配。在夏季气温则会升高，参观者在光线不断变化的建筑内部游走，从相对明亮和温暖的区域走到更为阴暗与凉爽的地方，伴随着参观路线蜿蜒地进入、出去、上升和下降。

值得一提的是，有关建筑南翼的礼堂。礼堂的座椅利用一个混凝土结构起坡，它立在那里与建筑外围护墙体相分离。这个空间通过一扇朝南的大窗户采光，而该窗户外的一片优质树林为其遮挡住了太阳的眩光。在其需要之时，百叶窗帘可以用来遮光。屋顶结构悬挂着礼堂和舞台所需的照明灯具，它借用了许多现代礼堂的方式。通风与供暖则由一套不显眼的机械系统提供，该系统通过在窗前安置一种百叶窗板的进气结构宣告了它的存在。

卒姆托在库尔

在瑞士的库尔，彼得·卒姆托建造了一座房屋，也是采用建筑庇护所这一基本原则。在 1985—1986 年间，他在两座古罗马建筑以及第三座之局部的发掘遗址之上，建造了一种保护性的房屋。用卒姆托自己的话来说：

这座建筑被构想为一种对古罗马建筑体量（volumes）

的抽象重构：一种轻质的框架墙——由薄木板制成，能够

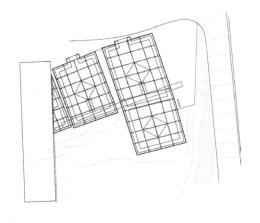

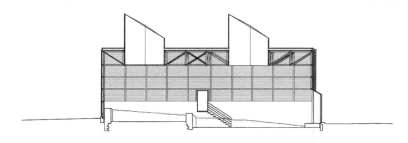

图 7.8（上图）
彼得·卒姆托设计，古罗马遗址庇护所，库尔，首层平面图

图 7.9（下图）
建筑剖图向东看

透光和透气——它完全遵循该古罗马建筑的外墙，从而创造出一种包裹般的效果，为当今城市景观中古罗马建筑之场地提供了一个可视化的形象。庇护棚内部的空间参考了古罗马建筑的室内……柔和的天顶光穿过黑色的天窗进入其中。城市的声音穿透墙体薄片状的结构进入到建筑内部。沉浸在封闭的历史空间之中，人们可以感受到 20 世纪城市的声响，太阳的位置以及风的气息。[7]

　　该建筑的形式再简单不过了（图 7.8 和图 7.9）。它的木构架体量直接投影于三座古罗马建筑的遗址上：其中一座由两个开间组成，另一座为单一的开间，最后是一个三角形的窄条建筑——围合了第

---

[7] Peter Zumthor, *Peter Zumthor Works: Buildings and Projects 1979–1997*, Lars Müller Publishers, Baden, Switzerland, 1998.

图 7.10
从草地看向建筑南立面

三座废墟之局部。建筑的横剖面是其平面朝高度方向直接发展而成的。它的木框架结构向上升起以承载一座镀锌屋顶，而贯穿屋顶的三个焊接钢天窗被截开，其内表面涂上了黑色的亚光漆。

这栋建筑坐落在一个半工业化的城市区域内，该区域位于一座北向山坡的山麓并且靠近城市的中心。建筑的北边有一条街道和一些现代建筑，其南面是一小块长着青草和野花的绿地（图 7.10）。建筑入口朝东，穿过一道神秘的、悬臂式的钢板门廊进入展厅。一旦进入内部，参观者将通过一座钢桥游览室内，钢桥从东至西跨越了每个空间。从这里，悬臂式的楼梯可以向下到达古罗马建筑的地面层。

天窗被切割成朝北的斜面，这些天窗将来自上方强烈的定向光线倾泻进入室内，它与透过薄板墙进入室内的漫射光形成对比。这种效果与建筑外观略显深沉的实体给人带来的联想相矛盾。天窗是该建筑自然采光的主要来源，但正如卒姆托所观察到的那样，光线也会以相互反射的方式通过温暖的薄木板进入室内。因此，建筑的外围护部分变成了一个漫射与神奇的光源，既非不透光也非透光，它既不是墙也不是窗。其效果是以环境光来为空间进行照明，因而室内原本强烈的顶光照明获得了调节和聚焦（图 7.11）。古罗马遗迹

图 7.11（上图）
从大房间的内部向南看，显示出古罗马墙壁衬以黑色织物作为其背景

图 7.12（下左图）
由南向北可以看见天窗罩内投下了玻璃条的阴影

图 7.13（下右图）
由北向南可以看到天窗罩显示出漫射的光

的界墙壁面上衬了一层黑布作为其背景，黑布会吸收光线，古老的石墙与其相比显得更为显眼。在明亮的阳光照耀下，屋顶天窗罩的黑色内饰面显得亮闪闪的。由南向北看，它被玻璃条投射下的阴影形成了图案化的效果；而由北向南看，它们则发出漫射的光（图 7.12 和图 7.13）。

　　建筑朝向街道的外墙被两个由黑色金属包裹起来的窗口所穿透，它标志着这座古罗马建筑曾经的入口位置。这些窗口可以让路人瞥见其内部，而且在晚上他们可以按下安装在不锈钢柱上的开关来打开一排悬挂着的金属灯。从室内向室外望过去，这些窗户将外面的平凡世界框取成了一道风景，给人留下深刻的印象（图 7.14）。在建

筑的内部，其百叶式的建筑外墙从大多数位置都无法看见室外，然
而在第二座展室南边廊桥与外墙相交接之处，我们可以透过百叶瞥
见外面的草地（图 7.15）。

　　除了这些特定而且精确校准过的室内外接触点之外，建筑的室
内与室外在视线上是相互隔离的。然而，它确实建立起了联系，那
就是与大气、声音。其渗透性的建筑外围护体是一种提供自然通风
的技术装置，而且它有效地实现了这一点。但它也是室内空气流动
之源，空气流动带来了外部的气味和声音。在这里城市与乡村相遇
了。工业噪声与鸟鸣声融合在了一起，而且在春天和煦的微风触手
可及，它吹入了清凉的室内。

　　在彼得·卒姆托的文章《一种观察事物的方式》（A Way of
Looking at Things）[8]中有一个小节的标题为 "密闭物体中的裂缝"。
这一论点涉及在建造过程当中节点的重要意义，"细节表达了在对象
的相关位置上所要求的设计之基本思想：亲密或者是疏离、紧张或者
是轻盈、冲突、稳固、脆弱"。然而，在 "密闭物体" 中的 "裂缝"

[8] Peter Zumthor, "A Way of Looking at Things", in *Thinking Architecture*, Birkhäuser, Basel, Boston, Berlin, 1999.

这一观念，也被用来考量这座建筑的环境品质。密闭的建筑外壳，这一理念是建筑技术领域内的一种最新的发展。它取决于这种能力，即首先是要实现各组件之间的气密性连接，然后以必要的机械手段来提供技术功能所需的适宜环境。建筑板材、人造垫片以及机械设备，这些建筑的工业化产品——使其成为可能——经常发挥出有效的作用。但在此之前，所有的建筑在某种程度上都具有渗透性。这是由房屋的建造材料以及其组装方法造成的。木结构建筑就其性质而言是一种拼缝的装配形式，并且本质上它是可以渗透的。

弗里德里希·阿赫莱特纳（Friedrich Achleitner）曾提出，这座古罗马遗址庇护所可能源于对古老烘干谷仓的记忆，它们存在于格劳宾登州（Graubünden）的乡村——库尔市的周边。[9]这极有可能，但是卒姆托曾评论说："如果一件设计作品仅仅是出自于传统和现存之物，重复该场地所呈现的内容，与世界背道而驰，对于我来说它就缺失了当代感。"[10]

本章探讨的核心问题是，优先将建筑的外围护结构而非机械化系统设想为"气候调节""环境控制"的主要手段——或者无论是这些当代俗套中的哪一种被选用于建筑的这一根本性用途——与建筑的深层主题重新建立起了联系。斯卡帕、费恩和卒姆托的作品在许多方面都彼此不同，并且位于非常不同的文脉和物理环境当中，它们全都运用了材料、形式、建造、实与虚之要素，使得建筑——对其所在位置的特定环境保持着敏感性——适合于它们的功能，而且最重要的是，富有原创性。于此，它们有助于挑战人们普遍的看法，即现代建筑不可避免地而且主要就是一门技术型事业。

[9] Friedrich Achleitner, "Questioning the Modern Movement", in *Architecture and Urbanism: Peter Zumthor*, Extra Edition, February 1998, A+U Publishing, Tokyo.

[10] Peter Zumthor, "From Passion for Things to the Things Themselves", *Thinking Architecture*, op. cit.

第 8 章

艺术博物馆：艺术、环境、想象力
——莫内欧、西扎、卡鲁索 – 圣约翰、卒姆托

传统与转型

艺术博物馆是现代文化中最重要的机构之一，纵观其历史，艺术博物馆与建筑之联系密切而且两者相互影响。佩夫斯纳在其百科全书式的著作《建筑类型的历史》（*A History of Building Types*）[1]一书当中，将艺术收藏的开端——从现代意义上讲——确立为意大利文艺复兴时期，并提出第一座用于展示古代文物的"特殊场所"（special setting）是由布拉曼特（Bramante）设计的开放式回廊建筑。它毗邻梵蒂冈教皇英诺森八世（Innocent VIII）的贝尔维迪宫（Belvedere Pavilion），大约建造于公元 1508 年。很快这种建筑便风靡欧洲，通过建造专门的房屋来陈列雕像作品。作为典型案例，佩夫斯纳列举了斯卡莫奇（Scamozzi）设计的位于萨比奥内塔（Sabbioneta）的长廊（"古剧场"内部的一座长廊式构筑物——译者注）（1583—1590 年）。除了雕塑藏品之外，人们也收藏绘画；而用以展示它们的专用性空间，在 17 世纪整个欧洲的宫殿与乡间别墅中都很常见。到了 18 世纪初，博物馆已经成为一种特殊的建筑类型，它与住宅相分离。不久之后，收藏家们开始将博物馆向公众开放；他们为现代制度化的博物馆——出现于 18

---

[1] Nikolaus Pevsner, *A History of Building Types*, Thames and Hudson, London, 1976.

世纪末，并在 19 世纪蓬勃发展——创造出了条件。就在这个时候，博物馆变得越来越专业化，因为知识门类之间的区别——艺术、科学、自然史等——日益制度化。作为这一进程的结果，艺术博物馆获得了不同寻常的建筑性格——源自其展示艺术品的宗旨，同时越来越多的绘画收藏品被用来向更为广泛的公众展示。

在本书第一章中，我们认定索恩的达利奇美术馆（1811—1814年）可以被视为首座专门建造用作向公众展示绘画作品的建筑之一。在这里，艺术作品、观众与屋顶采光——展陈的主要媒介——三者之间的联系都是建筑设计的核心。建筑的剖面是该问题的一个准确模拟：就建筑剖面的原初形式而言，美术馆的墙面由屋顶采光换气窗的竖向玻璃窗所照亮。墙面上的绘画作品"遇见"（sees）了光，从而使得观者能够看清楚，然而光源却处于观众的视线之外，从而避免了视野中出现眩光。这一套几何关系迅速被确立为艺术博物馆设计的基础，并且可以被追溯为 19 世纪、20 世纪该建筑类型整个后续历史的原本。就本书中出现的其他建筑而言，勒·柯布西耶设计的底层架空的"光之美术馆"（日本东京国立西洋美术馆——译者注），位于东京，就是该主题的变体——尽管在柏林国家美术馆中，密斯·凡·德·罗明显回避了对美术馆采光传统的一切参照。[2] 路易斯·康——他坚持认为"光即是主题"——很显然处于该谱系之中。在金贝尔艺术博物馆中，这方面体现得绝对清晰，其上部的采光顶拱是对达利奇美术馆建筑剖面的几何变形，用来调和得克萨斯州的光线，并使其符合 20 世纪后期的观念——有必要控制绘画作品的照明。在梅隆艺术中心（The Mellon Center），其网格状的屋顶采光天窗将索恩的模式发挥到了极致。天窗上部采用了百叶，下部运用漫反射膜，由两者相叠加而形，但其结果仍然保留了原始模型的基本品质。[3]

---

[2] 参见本书第 2 章对这两座建筑的讨论。

[3] 本书第 4 章中详细地探讨了路易斯·康的"被服务"与"服务"空间的主题。

到了 20 世纪的最后几十年，艺术博物馆设计的主流正转向对展示作品进行保护的理念，甚至不惜牺牲一定的展示效果。事实证明，如果不加控制地将绘画暴露于强光之下，会对彩色颜料造成不可逆转的损害；因而这一理念的后果在于，寻求办法减少光照水平和曝光时间，或许密斯在柏林国家美术馆中采用人工照明的地下室就是一种回溯性的验证。作为一个小小的题外话，值得一提的是，罗伯特·文丘里（Robert Venturi）在伦敦国家美术馆塞恩斯伯里侧厅所采取的策略似是而非——或许称作"自相矛盾"更为恰当。在此，他对索恩与达利奇美术馆表达出的明确敬意，实质是处于一种机械化环境控制的包裹之下。其创造出了幻觉，但很难称得上是自然光的现实环境。[4]

许多近期的美术馆设计仍采用了传统日光照明的形式与策略，同时它们被调整以满足展品保护的要求。伦佐·皮亚诺（Renzo Piano）的艺术博物馆设计就是传统方法持续有效且具备活力的一种始终如一的示范，体现在其项目中例如：休斯顿的梅尼尔收藏博物馆（Menil Collection，1982—1986 年），同样位于休斯顿的塞·托姆布雷画廊（Cy Twombly Gallery，1993—1995 年）以及位于巴塞尔附近的贝耶勒基金博物馆（Beyeler Foundation，1994—1997 年）。在沃思堡市（美国得克萨斯州北部城市——译者注）与路易斯·康的金贝尔艺术博物馆相毗邻的地方，安藤忠雄设计了一座现代艺术博物馆（Museum of Modern Art，1997—2002 年）。建筑上部楼层的展厅以高侧窗进行照明，他采用线性的排布方式组织这些展览空间，然而其如此夸张的运用保护性屋檐出挑来为这些房间遮光——出于一切现实的目的——即长期不变地使用人工照明。

然而除了对传统的坚守，最近也出现了一些重要的设计作品，它们抓住机遇从根本上重新思考艺术博物馆的性质。在大多数的案

[4] 该方案在迪恩·霍克斯的著作中有详细地描述，参见 "The Sainsbury Wing", in Dean Hawkes, *The Environmental Tradition: Studies in the Architecture of Environment*, E & FN Spon, London, 1996。

例中，我们可以发现这些新方向的本质——在很大程度上——是对博物馆环境问题做出新的诠释。本章即是对其中的一些进行考察。

皮拉尔与胡安·米罗基金会美术馆，帕尔马，马略卡岛（1989—1992年）

皮拉尔与胡安·米罗基金会美术馆（下面简称"米罗基金会美术馆"—译者注）坐落在西班牙马略卡岛的帕尔马市。美术馆创建于1981年，当时米罗与妻子将他们的工作室以及所拥有的作品捐赠给了帕尔马市。1989年，基金会委托拉斐尔·莫内欧在桑—阿布里内斯（Son Abrines）的基址上进行增建。新建筑将包括一座图书馆和礼堂以及辅助性的功能，例如：行政办公室、一座商店与一间便餐厅。这里也将容纳一座临时性的展厅，以及一个主要的空间用来展示米罗的艺术作品（图8.1、图8.2和图8.3）。

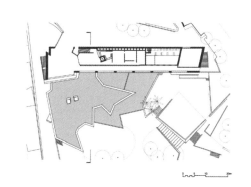

建筑基地位于一个朝南的斜坡，就处在桑—阿布里内斯的下方。桑—阿布里内斯是米罗最初的住宅与工作室，该工作室由建筑师何塞普·路易斯·塞

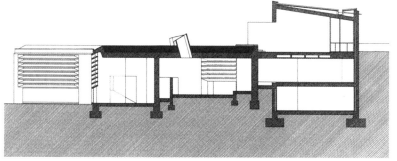

图8.1（上图）
拉斐尔·莫内欧设计，米罗基金会，位于马略卡岛的帕尔马，入口层平面图

图8.2（下图）
剖面图，向西看

图 8.3
建筑外部，朝西看

特（Josep Lluis Sert）于 1954—1956 年间为他设计建造。这里的条件允许新建筑能够低调地存在于周围环境之中，并发掘明亮的南向阳光的独特气质。进入建筑要穿过一条开敞性的凉廊，它形成于一座两层高、东西方向的长条形展馆内。凉廊框出了一道戏剧性的海景，即穿越主展厅空间上部、覆盖水面之屋顶所看到的景象。而主展厅空间——即所谓的"星形空间"——位于美术馆的底层，它延伸进了遍布雕塑的花园，并且将其界定了出来。

　　建筑室内与室外的联系是复杂的，而且被严格地控制着；显然它是通过植入异质物体于该场地环境之中获得调节——这种情形自从米罗 1956 年搬到此地就已经发生了，伴随着郊区发展周边环境日益遭到侵蚀。为此，莫内欧写道：

　　　　这座……建筑对于环境的敌意做出了有力的反击。星形的建筑外观就像是一座堡垒，准备抗击地平线上所谓的敌人以捍卫自己。其锋利的边缘断然插入城市景观之中——仿佛让人看到一座被遗弃的壁垒——画廊的体量忽略了它周围之环境，或者更为确切地说，以忽视和漠视作为其回应，隐含在这座山坡上的建筑当中，山坡曾经如此迷人……基金会美术馆抵抗、面对或者忽视它的环境。出于这样的原因，美术馆的窗户镶嵌在混凝土隔板中向外伸出，以便让我们摆脱外面令人惋惜的城市故事。仅有一扇独立的窗户，它足够低，让我们能够随意地触及花园——我们的眼睛不可避免地将目光凝视于其中。[5]

　　建筑入口的凉廊有一座楼梯直通底层的门厅，从这里便开启了该建筑所有重要的空间。我们现在所做的讨论正是围绕展览空间，它最吸引我们。莫内欧对周边环境做出了激烈而且极其独特的回应，我们对此已经有所理解。在这种情况下，环境这个词讽刺性地指残酷的人类干预了景观，而不是我们这里所主要关注的气候条件。结果是，它成为一座极度内向性的建筑，其外部形式——"有如一座堡垒"——是从地形当中获得的灵感，既自然而然又体现出人造感，而非源于有关艺术品展示的一切抽象与理想化的概念。而米罗艺术作品的本质就是这样，它引发出一种原创性的而且引人注目的解答，既来自艺术博物馆的地形又出自其环境：

　　　　我们可以说，美术馆的室内在努力地贴近其内容，即米罗的作品——一种永远歌颂自由与生命的创作——它也表现为一种片段化的以及难以理解的空间，能够创造出一种真实体现米罗绘画精神的空间氛围……该设计有意地回避了一切先例，区别于任何系列或者类似之物……我们希望陈列于美术馆内的这些绘画作品有种回到家的感觉，它们将漂浮于大厅空间当中不可捉摸，而大厅自身也令人难

[5] Rafael Moneo, "Project Description", in *Fundació Pilar I Joan Miró a Mallorca: Guide*, Electa Espāna, S. A., Madrid, 1993.

以言喻。[6]

　　这是一份"设计说明书"（programme）——如果用来描述上述的声明，这是一个恰当的词语——它显然拒绝了传统美术馆的常规性，不仅在其技术说明方面而且在其常规的建筑诠释之中。常规性被一种对艺术本质的特定回应所取代。因此，形式的问题、材料的问题、照明的问题从根本上获得了重新思考，"该设计已经……摆脱了一切先例，区别于任何系列或者类似之物"。——这些正是传统美术馆的特点。其目标是创造出一种"氛围"，这一词语在我们先前讨论建筑环境术语的时候就提到过，它更恰当地表达了莫内欧的意图。[7]

　　第一次进入"大厅"，给人的感觉——用莫内欧的话来讲——"难以言喻"（图8.4）。于此，人们见不到任何惯常的迹象，即重复性的、显而易见的建筑结构或者是明显的环境管理设备。有些地方我们会碰到一些分层及下沉区域，其中艺术作品——绘画和雕塑——以彼此相对的方式排布，按照其媒介、材质与尺寸的不同进行分组。然而随着眼睛和心灵适应过来，渐渐地另一种秩序显现了

图8.4
美术馆的室内

[6] Rafael Moneo, "Project Description", in *Fundació Pilar I Joan Miró a Mallorca: Guide*, Electa Espãna, S. A., Madrid, 1993.
[7]《牛津英语词典》中将"ambiance/ambience"解释为"一个地方的性格和气氛"。

出来。室内照明，既有自然采光，也有人工照明。阳光透过倾斜的竖井——贯穿屋顶池塘——照射进入室内；一个强有力的凸窗就位于建筑西墙之上，它创造了入射光，但不提供景观；以及一面雪花石幕墙几乎占据了整个南墙面，它正位于一个固定的混凝土百叶窗系统的背后，以削弱最恶劣的午间阳光（图 8.5）。于此之下，一扇透明的玻璃窗可以为我们提供花园的美景，不过它将建筑更为宽阔的环境视域做了精确的限定（图 8.6 和图 8.7）。可调节的聚光灯直接固定于混凝土天花板上，相当简捷，它提供了人工照明。随着展览不时地重新排布，这些都可以进行调整。针对这种设置，艺术作品被分组；而后随着观众围绕着展厅走动，漫步于展馆所提供的多重参观路线，这些作品又获得了重组。

正如卡罗·斯卡帕的卡诺瓦雕塑博物馆所体现的那样[8]，一座针对一位艺术家作品的博物馆与一家用来展示其广泛收藏的博物馆相比，其建筑设计显然是一个不同的问题。对于那些被展陈的作品，我们的知识可以对其个性做出明确回应。这就允许，或者说，需要打破艺术博物馆建筑占据着主导地位的类型化传统。

在为伦敦国家美术馆的塞恩斯伯里侧厅的设计撰文时，罗伯特·文丘里阐述了创新与传统之间的区别，接下来他以后者为基础，发展了自己的透视表达（scenographic）——受索恩启发的建

[8]参见本书第 5 章。

图 8.7
建筑南立面的
外部细节

筑设计。[9]而另外，莫内欧抓住机遇打破传统并引进创新之力，以解决对艺术博物馆性质的重新诠释；因为他回应了桑—阿布里内斯的场所与文脉，也响应了米罗艺术的本性。他对建筑的描述关注了其自身，即回应其周边环境的负面特质以及米罗绘画与雕塑的积极属性。这座建筑涉及地形与朝向，形式与材料，不透明、半透明与透明，自然光与人工照明，织物与植物——环境管控的所有要素——为艺术创造出一种新颖且独特的背景，从而进一步推动了艺术博物馆建筑的发展。

塞拉维斯基金会美术馆，波尔图，葡萄牙（1991—1999 年）

阿尔瓦罗·西扎为波尔图（Oporto）的塞拉维夫基金会（Serralves Foundation）设计的建筑也坐落在城市郊区。[10]然而，在这里美术馆所在的公园环境条件成熟，它无论如何也激发不出像莫内欧那样对米罗基金会周围不断蔓延的商业地产开发的批判性回应。

［9］Robert Venturi, "From Invention to Convention in Architecture", The Thomas Cubitt Lecture, Royal Society for Arts, London, 8th April 1987, first published in *RSA Journal*, January 1988, reprinted in Robert Venturi, *Iconography and Electronics upon a Generic Architecture: A View from the Drafting Room*, MIT Press, Cambridge, MA, 1996.

［10］有关西扎建筑作品的标准参考资料，是 Kenneth Frampton's, *Alvaro Siza: Complete Works*, first published in Italian, Electa, Milan, 1999, first English edition, Phaidon, London, 2000。有益的补充资料，参见 Philip Jodidio, *Alvaro Siza*, Taschen, Cologne, 1999。

塞拉维夫基金会美术馆的重要收藏包含诸多作品，它们代表了当代艺术的主线：绘画、版画、雕塑、综合材料、视频艺术和数字技术。该建筑也可以主办临时性的展览。很难想象，如何采用传统艺术博物馆的模式去应对这种展览策划（programmatic）上的复杂性与不确定性。而更可行的一种策略或许是转向机械化般的"完美"，建筑外围护结构密闭并由机械化系统提供服务——即蓬皮杜国家艺术文化中心所采用的方式——为其提供无限的灵活性，以回应不确定的活动安排。

西扎的设计与这一理念，即博物馆作为一座"艺术的机器"，相差无几。新建筑位于公园的西北边界，它与地形发展出了一种复杂的联系。一条狭窄的走廊，其上覆盖着顶棚，将参观者导入一个庭院，由此便进入了建筑。建筑平面以一座垂直相交的展馆为主体，它通过微妙之转折回应了场地不规则的地形，而场地以入口空间序列作为起始一直向南延伸（图8.8）。美术馆终止于一座三面围合的庭院——庭院面向公园开敞——在其前部并跨越庭院，建筑展现出一连串的自我回望。在这个清晰的空间结构中，建筑的剖面顺着朝南的斜坡逐步下降。而建筑物的外围护结构，在其细节上被丰富多样的洞口——侧窗和天窗——所打破；这些窗洞在建构展览厅的空间属性方面，既有实用性又富于象征意义（图8.9）。

在圣地亚哥－德孔波斯特拉（Santiago de Compostela）的加利西亚当代艺术中心（Galician Centre for Contemporary Art，1988—1993年）早期的设计当中，西扎直接采纳了美术馆天窗采光

图8.8（左图）
阿尔瓦罗·西扎设计，塞拉维夫基金会美术馆，波尔图，入口层平面图

图8.9（右图）
建筑剖面图，向南看

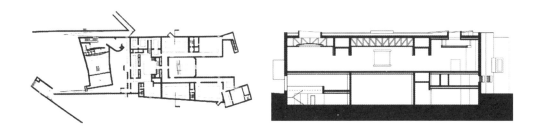

图 8.10
加利西亚当代艺术中心，美术馆室内

的历史传统。[11] 这里有一扇宽敞的、专利玻璃的屋顶天窗，架于屋面板一个相对狭窄的洞口上。于此之下，一个用来反光的、倒置的"桌子"（table），将光线反射到白色的天花板上，接着再反射到墙面（图 8.10）。这可以被解释为索恩模式的一种变体，以回应艺术品保护的要求，以及应对西班牙北部更为明亮的光线。类似的部件我们在塞拉维夫基金会美术馆中也能发现，在那里它更是作为一种美术馆传统的象征，而不是一种实用的设备。

在塞拉维夫基金会美术馆，西扎运用了多样化的天窗——一些采用倒置式的"桌子"，其他的采用半透明的平天窗（lay lights）——以及各种各样的窗户构造，用于与人造光源进行各种组合，以照亮——既是功能上的，又是隐喻意义上的——一系列的展厅，它允许对同样丰富多彩的艺术品进行多元化的组合（图 8.11）。其意图似乎是为建筑带来光明，并与外部世界保持联系，而非机械地照亮艺术作品。这是一个充满诗意、非教条化的建筑

[11]详细的说明，参见 Pedro de Llano and Carlos Castanheira, *Alvaro Siza: Obras e Projectos*, catalogue of an exhibition at the Galician Centre for Contemporary Art, 1995。

环境，它非常谦逊地表述了博物馆环境的经验。肯尼思·弗兰姆普敦以如下言词描述了加利西亚当代艺术中心：

西扎的建筑在很大程度上取决于材料与环境光的总基调，正如它诉诸空间的特殊性质一样。白色大理石铺面与浅色的木地板和家具，加上石膏灰抹面的墙壁与天花板，墙裙以上的部位刷上白漆，它们共同确保了博物馆内充满闪烁的光芒；随着日出日落，处处变得宁静。[12]

图 8.11
美术馆室内

它同样可以用来描述塞拉维夫基金会美术馆。这些房屋表明了一种博物馆建筑，它承认历史类型是合理的，既实用又富于诗意，但又进行了改造——作为一种技术装置以及作为一种建筑空间的决定性因素——以适合当代艺术的展陈条件。

[12] Kenneth Frampton, 'Architecture as Critical Transformation: The Work of Alvaro Siza', in Frampton, *Alvaro Siza*, op. cit.

沃尔索尔美术馆，沃尔索尔，英国（1995—2000 年）

　　莫内欧与西扎各自的建筑，在技术上是含蓄的。这些艺术博物馆建筑，必然结合了大量环境控制机械系统；但它们都布置在不引人注目的地方，与结构布局和空间形态相联系，而这些东西本身在形式与表达方面都是微妙的、非教条化的。它们远远不同于路易斯·康对"被服务空间"与"服务空间"所做区分的字面解释。

　　与阳光灿烂的马略卡岛和葡萄牙相距很远，由卡鲁索—圣约翰事务所设计的沃尔索尔美术馆（Walsall Art Gallery）位于英格兰中部地区的一座工业城镇。该美术馆也涉及艺术品展陈的环境问题，以及服务部分与结构和空间之关系的问题（图 8.12）。[13] 该建筑旨在为临时展览提供场所，展览主题涵盖了广泛多样的当代艺术实践。它也安置了一项独特且永久性的艺术藏品——加曼—瑞恩系列收藏（Garman Ryan collection）。这是一组包含所有传统媒介的艺术作品——油画、水彩画、绘画、石雕与青铜雕塑等，它起源于雕塑家雅各布·爱泼斯坦（Jacob Epstein）的私人收藏。此外，美术馆还一个更为综合性的永久收藏，自 1892 年美术馆成立以来它就组建了起来。这里还有一个档案室、

图 8.12
沃尔索尔美术馆，建筑外观

---

[13] 对该建筑所采用的技术进行了详细描述，参见 Katherine Holden, et al., "Walsall Art Gallery", *The Arup Journal*, no. 2, 2000。它的建筑和机械工程整合于其功能与实体之外，在以下著作中有所讨论，参见 Hawkes and Wayne Forster, *Architecture, Engineering and Environment*, Laurence King, London, 2002。

一些教育用房——儿童之家、行政办公室、一座咖啡厅以及一间餐厅。尽管用于展陈的空间可以是，或许应该是，通用的和中性的，但是永久收藏品的展示——尤其是一种独一无二的，假如还是不同寻常的作品——却提出了对其进行阐释以及作品特定语境的问题。

　　该建筑采用一种方塔的形式，它从一个较宽的基部升起来（图 8.13 和图 8.14）。有一道楼梯向上延伸并以纵横交错的方式贯穿美术馆，最终到达顶楼的餐厅以饱览城镇的全景。这种布置使得建筑无法采用传统的顶部照明展厅。临时性展厅占据了餐厅下方的楼层，它们通过建筑外墙上水平条带状的玻璃窗体现出来。而在美术馆的内部，这些带状玻璃窗又以展墙上部高侧窗的形式出现（图 8.15）。

　　具体而言，这个高侧窗是一种窗户与人工照明光源的复杂组合。它由两片半透明的玻璃——作为表皮——限定出一个宽敞的空腔，其中容纳了人造灯具与电动百叶窗，该空腔也被用来充当空调系统的一个增压箱。在传统的天窗采光美术馆当中，其黄金法则是将天窗放置于观众的视野之外。它是为了避免在观众欣赏艺术作品的时候碰到眩光。这就是为什么设计手册几乎一直主张避免使用高侧窗。在沃尔索尔美术馆中，一层又一层的漫反射玻璃同时加入了可调节的白色百叶窗，其设计旨在将展墙与光源的相对亮度控制在舒适的范围内。而室内的环境光则是通过点光源进行补充，它用来照亮单独的艺术作品。天黑之后，亮光从高侧窗——现在它成为照

图 8.13（左两图）
建筑平面，加曼－瑞恩系列收藏馆（左），临时性展厅（右）

图 8.14（右图）
建筑剖面图

图 8.15（上图）
临时性展厅

图 8.16（下两图）
建筑室内，加曼－瑞恩
系列收藏馆

明灯具——涌进展厅，而且从建筑外部来看它就像是一座灯塔照亮
了整个城镇。在某种程度上，这一工程化的功能转变成为一种错觉：
此处有一扇"高侧窗"贯穿了一个室内分区，实际上它纯粹就是一
个人造光源被伪装成一扇窗户。

　　加曼－瑞恩系列收藏布置在建筑的两个楼层，围绕一个处于建
筑中心的、双层高的空间体量（图 8.16）。在尺度与材料方面，该
展馆更具家庭气息而非社会机构感。它令人想起一些设施，例如那

图 8.17
莱斯利·马丁设计，剑桥茶壶院美术馆。艺术品陈列于一种居家环境当中

座位于剑桥的茶壶院美术馆（Kettle's Yard）——在那里有一家相类似的个人收藏被安置于一组中世纪的小屋内，后来由莱斯利·马丁（Leslie Martin）以一种居家的尺度扩展而成（图 8.17）。[14] 在沃尔索尔美术馆，此"住宅"是虚构的而非真实性的存在；但这是对该收藏以及对捐助者所提出的要求——这些艺术品应该在主题明确的组合当中展示——的一种绝妙回应。在美术馆的外墙面，其蜂窝式的布局——窗洞很小——暗指居住建筑，但显然它也是一种现代建筑的元素。尽管它们都设有窗户，但是这些房间主要采用人工照明并且全部用空调控温。对于艺术品而言，窗户所提供的实用性照明相

[14] 对茶壶院美术馆（Kettle's Yard）的介绍，参见 Leslie Martin, *Buildings and Ideas: 1933–1983*, Cambridge University Press, Cambridge。

图 8.18
沃尔索尔美术馆，正在建设中的临时展厅。框架结构为机械化的服务设备提供了灵活性

对较小。十字形的灯具直接固定于木质天花板上，它才是展厅主要的光源。

该建筑采用了一种特定建构（tectonic），于其中构造和材料都优于建筑结构，而且其中隐藏了庞大而复杂的机械服务设备。与路易斯·康设计的金贝尔艺术博物馆不同，这座美术馆并非通过在建筑形态中明确体现"服务"空间来实现。在这里有两条主要的竖向服务管道——每条都处于一个循环系统的核心内——从地下室机房开始，贯穿建筑的整个高度。水平向的服务管道则位于加曼—瑞恩展厅悬挂式天花板的上方，并为上述临时性展厅提供服务。在这个层面上，服务管道被容纳在建筑平面中心位置的一个混凝土框架结构内，在其周围再施以钢龙骨悬挂石膏面板，实际上形成了很大的服务性空腔（图8.18）。空调新风通过墙壁顶端连续的槽口输送进展厅，并从高侧窗回风。

在这座建筑中，我们远离了环境决定论的做法。其不可避免的大量性服务设施在一种有趣的层次结构——主要是诗意与建构中找到自己的位置。艺术空间获得了重新诠释，一方面是在加曼—瑞恩收藏馆，参考了私人化、家居化展示的非正式环境；而另一方面是在临时性的展馆，将艺术作品、光源与观众之间传统的功能关系进行重新配置。为了实现这一目标，"服务"空间被穿插进入建筑的组织结构当中，而不是贴在它的表面。

布雷根茨美术馆，奥地利（1990—1997 年）

　　这座艺术博物馆沐浴在康斯坦茨湖（Lake Constance）的光线之中。它由玻璃、钢铁以及一座现浇混凝土的石质体量——其赋予建筑内部以纹理和空间构图——共同组成。该大楼从室外看起来犹如一盏明灯。它吸收着天空瞬息万变的光芒，以及弥漫于湖面的烟雾；它反射出光与色，并根据其视角、光线与天气的不同赋予其内在生命的暗示……建筑外墙采用多层构造，形成了一种自主的墙体构筑物——它与室内相协调，并作为一种气候之外皮、日光调节器、遮阳帘与隔热体。解除了这些功能之后，该建筑的以空间为定义的形态（the space-defining anatomy）就能够在其内部自由地展开。[15]

　　1997 年，彼得·卒姆托建成了布雷根茨美术馆（Kunsthaus Bregenz）（图 8.19）。建筑师对该建筑所做的描述重点显而易见，它从理智与现实层面上关注了光线与艺术的关系——一座大楼"看起来犹如一盏明灯"。建筑立面覆盖着闪闪发光的玻璃板，它反射并折射出湖畔千变万化的光芒，其外观立即唤起透明与照明之间

图 8.19
彼得·卒姆托设计，布雷根茨美术馆，建筑迎向湖面的外观

[15] Peter Zumthor, Introduction to, Kunsthaus Bregenz, Archiv Kunst Architektur: Werkdocumente, Verlag Gerd Hatje, Ostfildern-Ruit, 1999, also in Peter Zumthor, Architecture and Urbanism, Extra Edition, February 1998, A+U Publishing Company, Tokyo.

的关联（图8.20）。然而该建筑不仅仅作为一种光的象征，除了作为首例建筑出现以外，它也对艺术博物馆的性质——无论是它与当代艺术本质的关系，还是它与当代技术支持艺术空间再创新之能力的关系——从根本上提供了一种重新的评价（图8.21）。

卒姆托的设计分析开始于一张简单的图解，它示意出水平方向的光线流动，因为光线可以穿透玻璃外皮与结构墙体之间的空隙照射进来（图8.22）。在艺术博物馆的传统中，建筑剖面

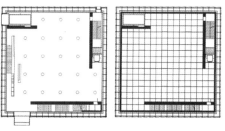

图 8.20（上图）
立面细节

图 8.21（下两图）
地面层与上层平面图

几乎总是比平面更为重要，正是布雷根茨美术馆的剖面图揭示出这座建筑的清晰性与独创性（图8.23）。建筑的外侧有一层玻璃表皮，它的节点裸露了出来；在其内部是一个完全密封的、混凝土墙体与玻璃的外壳。在地面层，光线通过双层玻璃水平向地照进入口大厅——正如卒姆托的草图所示——而且上层楼板抛光的混凝土顶板也显露于视野当中。从而，建筑的结构逻辑被展示了出来。但楼上的三层展厅，实际上，采用了独立的外围护结构。每个楼层都由一道连续的、未被开洞的混凝土外界墙所围拢，其功能就是用来封闭空间，

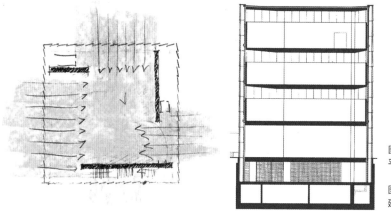

而非承重；而且每层空间都以一道平整的玻璃天花板封顶，它悬置于"人体的高度"[16]，处在混凝土板的下方。

　　在进入美术馆展厅的旅程中，日光先是横穿两片竖向的玻璃板，接着它通过折射穿越水平向的天花板。从几何形状上，天花板实与虚的构成——正如剖面图所示——类似于一扇天窗，一条一条的玻璃板位于美术馆墙体的上方。然而，通过天花板水平向玻璃的调配，光线获得了扩散并且重新分配到展厅，展厅四周比中心更为明亮（图 8.24 和图 8.25）。其效果与一个由天窗照明的空间完全不同。由于一层一层散射玻璃的逐步遮蔽，其光线的亮度水平不可避免地降了下来；但是随着春夏秋冬天空的变化，随着太阳从东边升起西边落下，它们的变化很是微妙。彼得·布坎南（Peter Buchanan）曾生动地描述了这一过程：

　　　　在冬季，玻璃天花板上方的整个空间能够被水平方向的阳光所充满。光线向下扩散，而不会对艺术品产生负面的影响。然而在盛夏，该几何体通常会阻止太阳光线危害

---

[16] Peter Zumthor, Introduction to, Kunsthaus Bregenz, Archiv Kunst Architektur: Werkdocumente, Verlag Gerd Hatje, Ostfildern-Ruit, 1999, also in Peter Zumthor, Architecture and Urbanism, Extra Edition, February 1998, A+U Publishing Company, Tokyo.

图 8.24（上两图）
美术馆入口大厅

图 8.25（下两图）
建筑的上层展厅

性的穿透；如果阳光的亮度变得过于强大，玻璃幕墙上的窗百叶会自动地落下来。[17]

卒姆托自己也观察到：

我们感觉到了建筑是如何吸收阳光、太阳的位置以及罗盘的方位；我们也认识了光线的调制，它是由不可见的、但可以察觉到的外部环境所引发。在建筑的中心位置，光线通过三道承载房间荷载的墙板进行调节。[18]

［17］Peter Buchanan, "Mystical Presence: Art Museum, Bregenz, Austria", *Architectural Review*, December 1997.

［18］Peter Zumthor, op. cit.

在玻璃天花板上方的空隙中布置了一排排的特制灯具，它们由安装于建筑屋顶上的一个传感器进行控制。这些灯可以单独地或者成组地进行调控，以回应环境光或者满足具体展览的需求。层叠的外立面看似简洁，事实上，它隐藏着一套极其复杂的环境机器。有一层厚厚的隔热层附着于现浇混凝土墙的外表面。水管管线置于密封的建筑外壳之内，而布坎南曾经提到过的可调的百叶窗，悬置于外层与内层玻璃之间的空腔中（图8.26）。

在大多数现代艺术博物馆的设计中，通常的做法是安装一套完整的空调系统，以维护室内的温度、湿度和空气质量。但是布雷根茨美术馆采用一套完全不同的策略。建筑的温度控制利用了混凝土结构的热质量（thermal mass）。水管管线内置于现浇混凝土楼板和维护墙体中，水管内的这些循环水从大楼底部地层的深处进行抽取——来自27米深（图8.27）。在夏季，它提供了制冷；然而在冬季，可以用一台燃气锅炉来提高水温为建筑供暖。其通风系统中，进风是从地板与围合的混凝土外墙两者交界处的一道槽口引入，而排风则通过吊顶内的空腔将空气吸进其上部的楼板。在正常情况下，这

图8.26
建筑立面细节

图 8.27（左图）
建筑剖面图显示出嵌入
式供暖与制冷系统的基
本原理

图 8.28（右图）
该草图显示楼板端口的
送风与回风组织

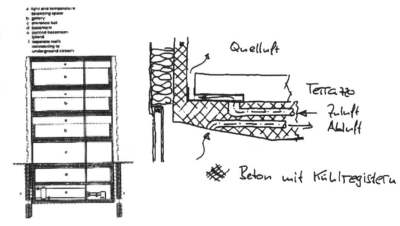

纯粹就是一个通风系统，而不需要制冷或者供暖（图 8.28）。[19]

通过将这种非常规的方法运用到博物馆环境当中，卒姆托实现了极富独创性的手段与目的的综合。建筑的力量源自于清晰性与经济性，凭借它空间、材料、结构、外维护体以及环境结合为一体。弗里德里希·阿赫莱特纳雄辩地总结了其品质：

> 因为通过一种集成的管道系统以及恒温的水，混凝土承重墙在功能上既能用来供热也可用于制冷；其物质上稳固而且心理上给人以稳定感，就在另一刹那，它将视觉形象联系在了一起。没有人能够像卒姆托那样一直保持这种偏爱，以他所做的一切意图压制技术表现——一种机器般的、机械论的东西，而朝向其本质——自然法则。然而在还原主义当中，在对这个"世界"进行视觉上的抑制当中，存在着一个强有力的心理瞬间——可以说，是对本质事物看法的一种解放。[20]

---

[19] 该技术资料基于《美术馆—技术》(Kunsthaus–Technology)，来自于网站：http://www.kunsthaus-bregenz.at。

[20] Friedrich Achleitner, "The Conditioning of Perception or The Kunsthaus Bregenz as an Architecture of Art", in *Kunsthaus Bregenz*, op. cit.

类型与反类型

纵观艺术博物馆建筑的现代历史，它一直受环境问题的影响。运用自然光来照亮艺术作品，这一需求从根本上奠定了第一座专业美术馆设计，并且建立了类型学的主要特征。这种影响已经持续了两个世纪，尽管人工照明技术大有发展。在20世纪的最后几十年中，由艺术保护的要求所引发，人工环境的潜能——照明、温度控制、通风——发挥出越来越大的作用。本章所讨论的这四座建筑，都可以视为与这一历史相关联。

在米罗基金会美术馆中，拉斐尔·莫内欧对平淡无奇的郊区环境采取了防御性的策略，然而他也从米罗的作品以及马洛卡岛绚丽的阳光中找到了灵感。在艺术博物馆的历史上，这种"星"形的展厅空间并没有先例，美术馆的建筑平面几乎总是垂直相交的。该建筑的照明复杂，它来自于小孔的天窗、墙壁上倾斜凸起的窗洞——这些都不能真正地称之为窗——以及散射光，它们透过有百叶遮蔽的南向雪花石幕墙照射进来；所有这些都在一定程度上由人工照明进行补充。从文丘里所做的有益区分来看，这是介于创新的范畴而非传统，但看起来似乎远离了索恩的达利奇美术馆；它也是同样清晰地关注了艺术品与光照、与观者之间关系的问题。这正是将原则应用于问题形成的结果，而不是任意形式决断的产物。

在塞拉维夫基金会美术馆，阿尔瓦罗·西扎或许更接近于传统，并为它提供了一种尤为抒情的解读。他采用的倒置式"光桌"参考了艺术博物馆天窗照明之传统，但它们与巨大的、常常像屏幕一样的窗以及素净的人工照明并置在一起，创造出的空间迥异于大多数美术馆所采用的形式。艺术作品在与其背景不断变化的关系中获得了呈现，有时候它对着纯白色的墙壁，有时候却是以剪影的形式对着一扇窗。该建筑布局，尤其是在向南开敞的内凹式庭院这一场所，提供了内部和外部之间千丝万缕的联系——将景观以及对建筑自身的一瞥纳入视野，而完全不同于传统天窗采光的封闭式盒体，它们具有极端的内向性。

卡鲁索—圣约翰事务所的沃尔索尔美术馆塔楼，为当代艺术博物馆呈现了另一种视角。加曼—瑞恩系列收藏的独特展示条件以及其实际之性质，提供了另一种诠释，即居家作为艺术展陈的背景。这些空间在尺度与材料方面都平易近人，并且提供了一处眺望城镇的视野，然而它能够同时满足现代美术馆的所有技术环境要求。相比之下，临时展厅却是中性的、广义的。看似矛盾的高侧窗照明装置，通过精心地设计却能够满足这些空间及其所展陈的多样化的艺术形式之需。

布雷根茨美术馆在某些方面也像是一座塔，但它并没有尝试进行那样的区分。其玻璃表皮围合了三座几乎同样幽深的展厅，一座叠于另一座之上，凌驾于门厅自由空间的上方。这里有专门用于当代艺术——采用各式各样的媒介——的临时性展厅。[21] 这里所看到的一切都只是玻璃或者混凝土。在展厅内部，建筑外表竖向的玻璃板转变成了一个发光的水平天花板，悬于抛光混凝土地板的上空，恰好接触到封闭混凝土围墙的顶部。在《环境调控的建筑学》[22] 一书当中，雷纳·班纳姆论述了"显露的力量"（exposed power），它以马赛公寓污浊的排气道、阿尔比尼设计的罗马文艺复兴百货商店（La Rinascente Store）外部的管道、路易斯·康的理查德医学研究实验室的服务塔为例，表明环境设备将有如"装饰物"一般日益重要。然而就在近期的建筑创作当中，将环境服务设备小心谨慎地隐藏于建筑结构之间的管道与空隙内，已经成为通用做法。米罗基金会美

---

[21] 自从 1999 年开馆以来，美术馆分别为以下艺术家举办过展览：路易斯·布儒瓦（Louise Bourgeois）、珍妮·霍尔泽（Jenny Holzer）、唐纳德·贾德（Donald Judd）、杰夫·昆斯（Jeff Koons）、罗伊·利希滕斯坦（Roy Lichtenstein）、格哈德·梅尔茨（Gerhard Merz）以及雷切尔·怀特雷德（Rachel Whiteread）等等。

[22] Rayner Banham, *The Architecture of the Well-tempered Environment*, The Architectural Press, London, 1969. 这一思路合乎逻辑的结论也许存在于皮亚诺与罗杰斯设计的蓬皮杜文化艺术中心（巴黎，1971—1978 年），以及罗杰斯设计的伦敦劳埃德大厦（竣工于 1984 年）。

术馆、塞拉维夫基金会美术馆以及沃尔索尔美术馆，就是这种情况。在布雷根茨美术馆中，服务性的设备也是不可见的，然而正因为它们被嵌入或者集成于地板和墙壁的结构实体之中，这些就变成了结构与服务设备的最终整合——事实上，成为一种新的显露力量。

在上述这四座建筑中，艺术博物馆的建筑设计已经摆脱了既定类型。它们呈现出完全不同的空间概念，于其中艺术品——尤其是20世纪和21世纪的艺术作品——应当作为其最佳的展陈。这些创新源于诸多的原型，但在任何情况下它们都是环境想象的实践，同时在概念与意识当中发挥出巨大的作用。

第 9 章

神圣之地
——卒姆托、西扎、霍尔

    本书的第 6 章探讨了如何对基督教教堂进行诠释，那是西格德·莱韦伦茨一生中晚年的创作。[1] 在比约克哈根的圣马可教堂以及克利潘的圣彼得教堂当中，莱韦伦茨实现了一种对建筑要素（形式、材料与环境）卓越的综合，前无古人；尽管这些建筑被广为称赞，然而后无来者。它们作为一种原始想象力的产物，神秘莫测而且激动人心。最为重要的是，它们表明了现代建筑方法有潜力表达神圣性。

    本章回到了神圣环境之主题，它在下面这些建筑师的作品当中有过深入地探讨，分别是：彼得·卒姆托，在他的圣本笃小礼拜堂（Chapel of St Benedict，1985—1988 年），位于瑞士苏姆维格特（Sumvigt）；阿尔瓦罗·西扎，在他设计的圣玛丽亚教堂（church of Santa Maria），位于葡萄牙的马尔科－德卡纳维泽斯（Marco de Canavezes，1990—1996 年）；以及史蒂文·霍尔，在他的圣依纳爵礼拜堂，位于美国西雅图大学校园（1994—1997 年）。

---

[1] 参见本书第 6 章。

圣本笃小教堂，苏姆维格特，瑞士（1985— 1988年）

近年来，彼得·卒姆托的建筑引起了广泛的关注。通过建设一些极小型建筑——数量相对适中，他对许多在建筑理论上和实践中占据主导地位的观点与做法发起了挑战。在他创作的核心之处，存在着某种深刻的使命，即建筑有能力触动感官和情绪：

> 我将设计并建造的新任务，对它们进行的追问在很大程度上取决于我们的反思方式，即对世界各地许多场所，我们在如此不同的住居环境进行真实的体验——在森林中，在桥上，在市镇广场上，在住宅里，在房间内，在我的房间，在你的房间，在夏季，在清晨，在黄昏，在雨中。我听到外面汽车移动的声音，鸟的声音，还有路人的脚步声。我看到门上的金属已经锈蚀，背景中的群山泛出蓝色，沥青上方的空气在微微闪亮。我感到身后的墙壁辐射着温暖。在细长的窗口凹槽中，窗帘随着微风轻轻摇摆，而空气中弥漫着潮湿的气味——它来自于昨日之雨，并由土壤保存在植物的缝隙之间。[2]

心怀如此之理念，卒姆托在圣本笃小礼拜堂中获得了一个绝佳的机会，以探索建筑环境的想象（图9.1）。它的情况很独特，基地位于莱茵河谷上游北面山坡的高处位置，这就是它的设计起点。建筑的尺度和材料暗示了这一山村社区相互离散的民宅，但它的形式和细节则表明其用途与众不同。在这块场地似乎难以避免：

---

[2] Peter Zumthor, *Peter Zumthor Works: Buildings and Projects 1979–1997*, Lars Müller Publishers, Baden, Switzerland, 1998.

图 9.1
彼得·卒姆托设计，圣
本笃小礼拜堂，建筑南
侧外观

　　每一件新的建筑作品都是对一处特定历史场所的介入。
新建筑应该拥有这样的品质，它可以与环境现状进行有意
义的对话，这对介入的品质而言至关重要。因为，如果说
介入就是去探寻自己的位置，它就必须让我们以新的眼光
去看待现状。我们将一块石头扔进水中。沙子漩起，又回落。
这种搅动是有必要的。石头已经找到了它的位置。然而池
塘却不一样了。[3]

　　当你第一次见到它时，你可能会认为这座建筑更关注构造而
不是环境。然而卒姆托坚持认为，这种传统的分类和区分与他毫
无关系：

　　这种意识——我尝试着将之灌输进材料——超越了所
有的构成规则，而且其形式、气味以及声响品质是仅有的

[3] Peter Zumthor, "A Way of Looking at Things", in *Thinking Architecture*, Birkhäuser, Basel, Boston, Berlin, 1999.

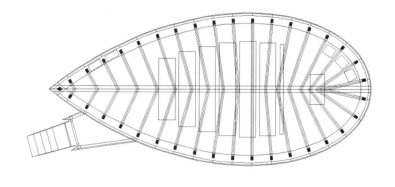

图 9.2（上图）
建筑平面图

图 9.3（下两图）
建筑剖面图向北看（左），
建筑拆解图（右）

语言要素，我们不得不采纳。当我成功地在我的建筑当中揭示出某些材料的具体含义时，意义就浮现了出来；意义，它只能以这种方式，在这样一座建筑当中被感知。[4]

礼拜堂内部给人的第一印象是绝对单纯（图 9.2 和图 9.3）。这是通过对清晰的形式、不断重复及易于理解的结构进行组合传达出来的，照明则以连续的条带形高侧窗实现。传统上基督教教堂采用东西方向的轴线，通过戏剧性的光线，即来自南向的采光比北向更为强烈，使得这一格局变得不对称了。尽管教堂室内亮堂堂的而且一览无余，建筑的丰富性以及复杂性则以一种类似于视觉适应过程的方式逐渐"显现"——置身于其中，当我们由明亮之处走向黑暗

[4] Peter Zumthor, "A Way of Looking at Things", in *Thinking Architecture*, Birkhäuser, Basel, Boston, Berlin, 1999.

图 9.4（上两图）
建筑室内向东看

图 9.5（下两图）
室内细节

图 9.4（上两图）
建筑室内向东看

图 9.5（下两图）
室内细节

时，我们能够逐渐地调整眼睛以适应较低的光照（图 9.4）。

　　胶合板的墙壁内衬，其表面刷涂上银色亚光漆；来自高侧窗的光线照在墙壁内衬上面并通过墙面间的相互反射，使空间充满生机。这一过程的显著成效就是让室内亮度获得提升，它是由采用天然木

图9.6
高侧窗之细节

材的结构柱与银色墙面这两者之间的相互反射形成的（图9.5）。另外值得注意的细节是高侧窗的窗棂，其横截面呈楔形，细细长长的。这样——采用老式窗架、模块化的玻璃窗闩的形式——就弱化了窗棂与天空之间的明暗差别，从而避免了眩光（图9.6）。随着太阳按照其日常轨迹穿越天穹，礼拜堂的内部光影变化无穷，让空间活跃了起来。建筑连续性的高侧窗与非正交的平面相关联，它如此简洁，再次创造出一种令人惊讶的丰富效果。

卒姆托曾经提出：

> 在建筑中，空间构成有两种基本的可能性：封闭的建筑体，将空间隔绝于其内部；开放的空间体，它包含着一个与无止尽的连续体相互连通的空间区域……具有强烈感染力的建筑总是能传递出一种有关其空间品质的强烈情感。它们包围着神秘的虚空——我们称之为空间，并使之激动人心。[5]

---

[5] Peter Zumthor, "A Way of Looking at Things", in *Thinking Architecture*, Birkhäuser, Basel, Boston, Berlin, 1999.

圣本笃小礼拜堂属于其中的第一类。它强有力地聚焦于"其内部空间"，在消除位于人视线高度的窗户之后，这几乎就是必然的结果。这种效果经由小尺度教堂的渲染，变得尤为强烈。但同时这里也存在一种广阔的地形感，其外部"无尽的连续体"，是通过由高侧窗所看到的天空之景产生的。

在声响方面，该建筑具备了来自轻质木结构建筑的独特品质。它响应了人的存在，让每一个脚步都听得见；而且这里存在着一种倾听的意识，建筑结构以那种几乎令人难以察觉的方式在摇动，伴随着轻微的嘎吱声。我们能觉察到鸟在歌唱，以及风穿过山坡上的树林之声音——所有这些都表达了建筑的本性，以及它与场地的关系。

建筑位于高山之上，它暴露在冬季极端的气候条件下。建筑师对此的回应，简单得不能再简单了。木结构具备一种在结构层中实现高标准保温的性能，而且隐藏于其长椅底下的电热元件，能够精准地在需要采暖的地方供热。此外，唯一的其他"服务"设施就是排列整齐的电灯，它们从屋顶悬吊下来，按照平面形式提供夜间照明。它们如此简洁，绝对符合该建筑的整体概念。

圣玛丽亚教堂，马尔科-德卡纳维泽斯，葡萄牙（1990—1996 年）

我想要设计一座教堂，它给人的感觉就像是座教堂，而不是一个里面有十字架的建筑物。一个符号如何能够决定一座建筑的特性，我对这个基本概念毫无兴趣。所以，我尝试着去实现一些我将要称之为教堂品质的东西……

如果你试图在现代建筑当中找出一座优秀的教堂，我只能想到勒·柯布西耶在朗香或拉图雷特设计的那些，或者是巴拉甘设计的一座，再没有其他的了。当代的教堂很少会有这种让人难以描述的氛围，它会让你感到你正处于一座神圣的建筑当中。我认为这个项目的宗旨应该是，在人与此氛围之间植入这种难以割舍的关系。[6]

教堂就坐落在马尔科—德卡纳维泽斯小镇中心区的外边，一个不起眼的现代开发区内。建筑基地为一座平台，其下方是一条双车道的公路（图9.7）。由于建筑的标高要高于其周围环境，使得它能够在这种不起眼的环境背景中以一个强有力的形象存在。基地平台以当地的花岗岩来建造。这座雪白的、矩形体量的教堂从平台上升起，而高矮不一的花岗岩墙裙则解决了建筑外墙材料的过渡问题。

建筑的底座部分布置了丧葬礼拜堂，它由底层进入，穿过一座小

图9.7
阿尔瓦罗·西扎设计，德卡纳维泽斯－圣玛丽亚教堂，建筑西北侧外观（应该是从建筑的正西侧拍摄——译者注）

[6] Alvaro Siza, interview with Yoshio Futagawa in *Alvaro Siza, GA Document Extra*, no. 11, 1998.

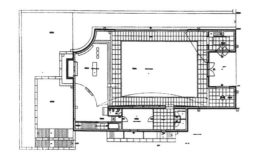
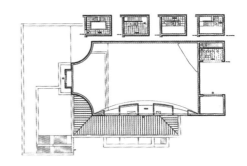

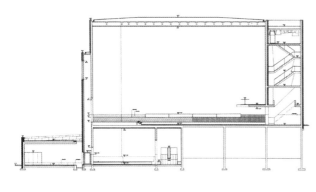
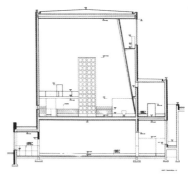

图9.8（上两图）
建筑平面图（上南下北
——译者注）

图9.9（下左图）
建筑纵剖面图，向南看

图9.10（下右图）
建筑横剖面图，向东看
（应该是向西看——译
者注）

型的、封闭式花园及回廊可以到达。丧葬礼拜堂弯曲的墙面形式反映了上层教堂的格局。上层教堂建筑是一个简洁的矩形，即平面为30米×16米。它的西端有两个向外突出的体量分别位于教堂雄伟大门（10米高×3米宽）的两侧，其北侧体量包含洗礼池，南侧体量为钟楼。在这个形式简洁的方案当中，建筑师通过操控建筑平面与剖面上的细节，实现了空间的复杂性（图9.8、图9.9和图9.10）。

这个封闭性的空间其本质在于，建筑北墙面与南墙面之间存在着不对称性。室内南墙面，高耸的垂直墙壁从地板升起一直顶到天花板。仅有一扇长条形的水平窗将它打破。室内北墙则是一个倾斜的、凸起的表面，其顶部为三扇大型高侧窗（图9.11）。在北墙东端，它与教堂中殿的凸形墙面相交；凸形墙面悬空而起，其交汇处下方是教堂的侧堂。教堂的内部以白色为主，所有的墙壁和天花板都涂上亚光漆作为饰面。西墙、南墙和东墙各有一条白色的瓷砖墙

裙，北墙面则通高刷上涂料。楼面以及祭坛的主要区域铺上了宽的硬质木地板，然而教堂中殿的后部，洗礼池与钟楼的地面则采用白色大理石。该空间的主要采光来自北向的高侧窗（图9.12）。在南墙上，底部的水平长条窗仅仅照亮其附近的地板条，而且只能在一天内的有限时段接收到直射阳光。北墙面本身主要由室内反射光照亮，它来自于明亮、洁净的南墙面。

对西扎而言，北墙的高侧窗承载了重要的联想：

> 你有这样的角度让窗获得了厚度。你能看到光线进来，但在你的视野中却看不到实际的窗户。这在老的教堂中能够自然而然地实现，因为它的结构部分很厚实；然而在今天，我们建造的墙壁仅40厘米厚，因此我试图重新引入这种宽厚与密实的品质。这个由曲线所生成的空间，也是可

图9.11（上两图）教堂室内向东看（东北方向——译者注）

图9.12（下两图）高侧窗之细节

以上楼去清洁玻璃的。许多老教堂都有这样的游廊。我会看过去，会抬头望，然而永远不会有任何人在那里，我想知道如何才能到达那儿以及谁才会去那里。于此我在设想这种神奇的感觉。[7]

向西侧看过去，贴满瓷砖的洗礼堂以及——程度稍次的——钟楼，是建筑整体组合当中采光最明亮的部分（图 9.13 和图 9.14）。建筑的整体效果是平静的，但充满了微妙的差异，因为其形式和材料回应了占主导地位的无阴影照明。这还有助于一种热舒适感的产生，那是因为建筑体积、建筑厚重的结构以及对直射阳光进行遮蔽造成的。在炎热的夏日，中午时分教堂内部却非常凉爽。此外，对于平静感与凉爽感的微妙体验源自于流水的声响，那是在进入教堂的瞬间便立即体会到的。该声音来自于洗礼堂，在那里水源源不断地从洗礼盆流进其所在底座的石凹龛内。这种声学效果可能因洗礼塔的实体（materiality）及其绝对高度而获得了增强。

它是一座这样的建筑，其优先考虑建筑"氛围"更胜于建筑的

---

[7] Alvaro Siza, interview with Yoshio Futagawa in *Alvaro Siza, GA Document Extra*, no. 11, 1998.

构造层面。建筑的物质性主要体现在它的饰面——粉刷的白石膏、白色瓷砖、白色大理石、木材、花岗岩——而不是建筑构造的表现。在路易斯·康主义者（Kahnian）的理解当中，光线被视为一种建筑材料。这种光线的微妙差别，如同在教堂空间中表演，使它获得了一种丰富的平静（如果这不是一种自相矛盾的说法）——宁静。建筑环境的三个物理指标——热、光和声——所有这些都在建筑氛围的营造当中起了作用；其氛围是：低沉从容的光，清爽寂静的空气以及悄然入耳的流水声。

所有这些都被用来将教堂室内与凌乱喧嚣的外部城镇隔离开来。这种效果通过视觉上的控制获得了强化，它是通过建筑南墙面的水平长条窗实现的。该长条窗将室内人的注意力引向了天际之山巅，而不是教堂近景中的道路以及那些不伦不类的现代都市房屋。

圣·依纳爵礼拜堂，西雅图大学，美国（1994—1997 年）

1991 年的冬季，史蒂文·霍尔正开始着手圣·依纳爵礼拜堂的设计，这时他在西雅图大学做了一场演讲——《有关感知问题》（Questions of Perception）。在这里，他描述了"一种建筑现象学"。他在演讲中主张，通过对感觉和知觉进行个人化的反思，来促进空间维度与经验维度向更高的层次发展。[8]

随着设计方案的发展，霍尔发现这些观点与圣依纳爵·罗耀拉（St Ignatius of Loyola）的教义之间存在着联系。圣依纳爵·罗耀拉是（罗马天主教）耶稣会的创始人，其教义强调了五种感官在

---

[8] Steven Holl, *The Chapel of St Ignatius*, Princeton Architectural Press, New York, 1999.

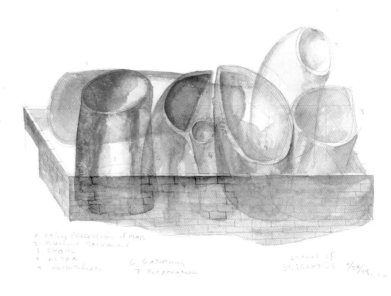

图 9.15
史蒂文·霍尔绘制的
《七个瓶子》概念草图

沉思活动中所起到的作用。而这些发现导致史蒂文·霍尔开始关注一种与光明有关的独特隐喻——光线来自于正上方——以及黑暗与光明的关系，它与慰藉和荒芜有关。正是因为这些发现，礼拜堂的概念——"不同光线的聚合"——便产生了。这体现在建筑师的草图当中就是"石匣中的七个光瓶"，它成为该建筑的核心思想。建成的礼拜堂非常清晰地将此草图——《七个瓶子》——转译为实物的、构造性的以及环境化的形式；或许这就是对技术与诗学的关系最为清晰的阐述之一（图 9.15）。

　　然而将隐喻转译为具体现实却是一件复杂的事情，其中要做出许多决策与判断。卒姆托和西扎的教堂以鲜明对比的方式展现了建筑构造与环境的关系，然而圣·依纳爵礼拜堂与它们完全不同。建筑的外墙结构是这样演绎其概念草图的"石匣子"，它由 21 块预制混凝土板组合而成，混凝土板采用"立墙平浇"的施工工艺（图 9.16）。这些外墙支撑着一种由钢管材料建造的屋顶结构，其外部镀上锌，正是它塑造出了礼拜堂的光之瓶。建筑内部的墙面——隔

墙与错综复杂之天窗由金属板条制作——其饰面采用手工抹灰，形成了有纹理的效果。室内地坪是一种抛光的混凝土面层。建筑构造与环境设计巧妙地融汇在一起，通过这样的方式——只有一个例外——墙壁上所有的窗口都出现在混凝土板相交接的地方。这种构造系统导致其内部形式和材料与其外部结构相互分离。它使得巧妙地操控光线——控制其强度、光线分布与光线色调——成为建筑的基石而不是任何结构逻辑之表现。

在基督教建筑中，建筑朝向问题是戏剧性运用光线的关键。传统的教堂形式以东西方向为主轴；它使得均匀对称的室内空间中照射进来的光线分布不匀称，同时还能够捕捉到清晨与黄昏之别。西雅图大学校园采用了正交网格，几乎完全是正南正北方向。礼拜堂遵照了这一规则，毫不费劲。然而霍尔做出的回应——也许受场地环境及其尺度之限制——却不同寻常。教堂（the enclosure）的长轴

图 9.16
史蒂文·霍尔设计，
圣·依纳爵礼拜堂，
建筑南面外观

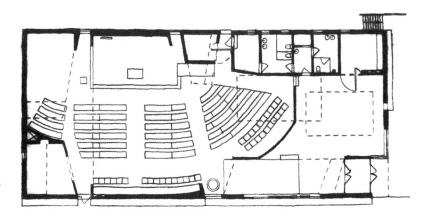

图 9.17
圣·依纳爵礼拜堂,
建筑平面图（左北右
南——译者注）

为南北走向,建筑由南侧进入（图 9.17）。礼拜堂前厅,空间封闭然而光线明亮;此处有一条行进路线往北走,进入到礼拜堂中殿的西南角。从这里开始,室内空间展开为不对称的拱形顶,以其支撑性的拱门确立了东西方向轴线的主导性。在此空间前景当中,建筑的光照模式复杂而且多样,它投射在织物般的抹灰墙面上变化多端,而且在抛光的混凝土地板上形成反射、倒转与变形。圣餐室以北天窗采光,朝向校园外的城市。几乎所有的自然光都是以间接的方式进入室内——从隐蔽的洞口或者是被遮掩的窗。光线颜色的引入,则几乎是以一种巴洛克式的手法,它不是通过彩色玻璃,就是通过隐蔽涂料表面的反射进入。经由众多色彩的丰富配置,雪白的抹灰墙面变得生动起来（图 9.18、图 9.19 和图 9.20）。霍尔一丝不苟地讲述了这些效果的构思与实施过程:

> 列席区由漫射的自然光照亮。在教堂中殿,其东端有一片黄色的光场,它与一块蓝色的玻璃组合在一起;同时其西端的蓝色光场与黄色玻璃相结合。在圣餐室,一片橙色的光场经由一块紫色玻璃所渲染。唱诗席则有一片绿色的光域组合了一块红色玻璃。在和解礼堂（reconciliation chapel）,一片紫色的光域与一块橙色玻璃相结合。钟楼与

池塘两边都设有射灯，并且也反射自然光。[9]

随着时间的推移，从清晨到夜晚，从严冬到盛夏，这些要素在教堂内投射下千变万化的光辉。在阳光明媚的日子尤其显著，也许最为重要的是，那些从晴空向多云迅速转变的时日，这就是西雅图西部海岸气候的特点。然而即使是在阴云密布的天气状况下，室内光照依然具有一种十分明亮的品质，似乎比直觉上更为亮丽。

人工照明并不是作为一种纯粹功能性的、作为夜间天光和太阳光的替代物。从任何角度来看，礼拜堂的内部都点缀着手工制作的

图 9.18（上两图）
礼拜堂中殿，向东看

图 9.19（下左图）
圣餐室

图 9.20（下右图）
和解礼堂，建筑细节

[9] Steven Holl, *The Chapel of St Ignatius*, Princeton Architectural Press, New York, 1999.

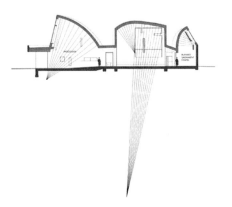

透明玻璃灯具，它们从穹顶上悬吊下来或者散布于墙面。在一天当中的大部分时间里它们都会被开启，而无需考虑自然光是否充足，并用它们精准般的光照为室内的性质和意义增添另一项维度。每当夜幕降临，人工照明透过屋顶天窗向建筑外部投射出去，这时建筑变成了一个发光体而不是光线的接收者；而在某些时候，建筑彻夜通明。

听觉在依纳爵哲学当中备受重视，并在礼拜堂方案的深化过程中得到了细致的关注。在一个狭小的空间范围内，音响效果不会成为一个特别的问题，因为直达声远远超过了反射声。礼拜堂的小型空间体量与有纹理的抹灰墙面对声音的吸收，这两个方面相结合产生了一种舒适的混响效果。尽管如此，拱形抹灰面的形态受到精确的调控，以确保它们的焦点不是位于空间的外部就是处于人类听觉器官的上方（图 9.21）。这种计算以图解的方式展现于建筑的纵剖面图当中。

这座建筑视觉形象突出，而且音质平和，小心翼翼地隐藏于其背后的是一种完全现代化的加热与通风设备。西雅图的气候温和，没有极端的寒冬与酷夏。在冬季这里离不开供暖，而现代环境工程设备能够确保该建筑满足 20 世纪后期对热舒适度的需求。在夏季，其舒适度由机械通风实现，而无需制冷。这既实用又简单，但在这个原创性的建筑当中该系统的建筑一体化显然不是那么简单。路易斯·康所提出的"被服务"和"服务"概念[10]明确地将空间进行地形学一般区分，它却与这座建筑所体现出的整体概念不符；路易

---

[10]参见本书第4章。

斯·康的这一理念提出，服务部分应该由另一种构造来提供。

　　机房位于教堂中殿以及唱诗席的东侧边缘之底部；从这里出发，新风通过地板下的配风管送入建筑，并小心翼翼地穿过建筑的各个部位。位于礼拜堂前厅以及中殿后部的固定座位中隐藏着换气格栅，而且在圣餐礼堂与唱诗席区域，由金属板条内部结构形成的中空墙（poché）里面容纳了通风管道。在这两处空墙之间的空隙中，实际上存在着回风管道，它通过墙体上部的换气格栅显露出来。格栅出风口也出现在祭坛台阶的侧板，和祭坛背后镀金装饰屏风侧面部分被遮蔽之处（图 9.22）。

图 9.22
祭坛，镀金装饰屏风的细节

建筑的想象

在欧洲传统中，基督教建筑分别由哥特式与古典式这两种学派所主导。卒姆托与西扎的建筑作品可以说是代表了这一区分在当代之延续。圣本笃小礼拜堂在表达建造方面简直就是一篇精致的散文；然而在圣·玛丽亚教堂，物质性则被隐藏于一个几乎是均匀的、"白色"涂料的表面之下——其内部与外部皆然。上面的每一处地点，都对各自建筑的环境质量有着根本性的、深远的影响。霍尔的圣依纳爵礼拜堂，或许可以归入古典式，但也许归入巴洛克式更为恰当，尽管其外观明确、富有表现力而且讲究构造，可能会被牵强地（distantly）解释为哥特式。

圣本笃礼拜堂在其所在地点经常性恶劣气候的大自然环境中，提供了明确的庇护。它的铜板屋顶和木瓦外墙板都是在表达围护和保护的理念。在其内部，卒姆托组织着结构、材料和光线，以便让它们的交互作用能为礼拜活动创造出一种丰富而复杂的背景。现代环境系统的设备被简化为最单纯的灯具表达，而供热系统亦被简单且巧妙地从视线中隐藏了起来。

西扎的圣玛利亚教堂体量方正、颜色素白，建筑屋顶被女儿墙隐蔽了起来，并不那么明显地涉及庇护问题。均匀洁白的室内能够让微妙的光线渐变显现出来，并赋予了空间一种与之相称的宁静。再一次，服务系统的设备消隐于视域之内，以确保白色空间的纯粹性。

霍尔的圣依纳爵礼拜堂，其显而易见的复杂性使它与上面任何一座教堂都不同。与卒姆托的或者是西扎的作品相比，无论在手段还是结果方面都很克制，霍尔的教堂精益求精且勇于开拓，他借助现代建造技术与环境管理技术，为他的"建筑现象学"以及他对耶稣会信仰的独特理解赋予了形式并且提供了表达。

这些建筑的共同特点是对环境的想象。正是这种能力让我们得以展望形式与材料相结合的效果，得以将其置于气候与场地的物质现实之中，以这些方式形成并强化了一座建筑的目的和意义。这才是建筑项目的核心之所在。

第 10 章

空气、泉水、场所
——瓦尔斯温泉浴场

身体与环境

在维克多·欧尔焦伊（Victor Olgyay）的《设计结合气候》（*Design with Climate*）[1]一书当中，有一幅关于现代建筑科学的最绝妙的插图（图 10.1）。一位站立着的男士（从背部看上去，难以置信就像是罗纳德·里根）暴露在所有能够想得到的方式当中与周围环境进行热量交换。通过人的生理学代谢过程，他的身体产生出热量（1 a—d）。他也吸收来自太阳，来自发光散热体以及非发光的物体与表面的辐射热（2 a—c）。热量从周围的空气——假如是热空气——以及通过与物体表面的接触，传递到了他的身体（3 a，b）。他也受大气水分冷凝的影响（4）。接着，人有可能会因为向天空——如果空气凉的话——以及向其周围的冷表面辐射热而损失热量（5 a，b）。热量会被传导至周围的冷空气，以及与之接触的任何冷的表面（6 a，b）。最后，热量可能会通过呼吸道或借由皮肤的（水分）蒸发而受损失（7 a，b）。在这幅图像当中，所有这些过程都被描述为同时进行的。谢天谢地，在任何现实环境当中这种情况都将令人难以想象，除非——或许吧，而且无法用语言来表达——是在一间酷刑

---

[1] Victor Olgyay, *Design with Climate: Bioclimatic Approach to Architectural Regionalism*, Princeton University Press, Princeton, NJ, 1963.

室内。

我采用这幅图像及其附带的评注，是用来证明热环境很复杂，即使是我们定义为"舒适"的那些热环境；它结合了一些有关传导、对流、蒸发与辐射的计量过程。当我们扩展自己的参考术语以涵盖建筑环境的照明与声学领域时——以其所有的潜在多样性——我们可以看到，即便着手进行自

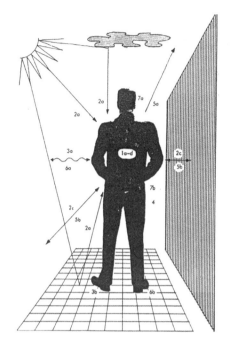

图 10.1
人与周围环境之间的热交换

己最普通的日常工作，我们亦被一种精心制作的、环境化的"鸡尾酒"所包围。为了满足约定俗成的"舒适"概念，我们发现，现实环境趋向于中间领域——既不太热，也不太冷；既不过于明亮、过于晦暗、过于大声，也不过于安静。另一方面，正如在前面文章中探讨过的许多重要建筑作品所示，最令人难忘的、最卓越的建筑环境往往打破了常规界限。他们发现环境要素的组合——通过一些特殊的强调或者联系——可以丰富人们的栖居经验，无论它是一栋住宅、一所博物馆、一座教堂还是一间实验室。

瓦尔斯温泉浴场

为了总结这些有关建筑中环境想象的文章，我选择了彼得·卒姆托的瓦尔斯温泉浴场进行考察。这座竣工于 1996 年的建筑，包含

图 10.2
瓦尔斯温泉浴场，建筑
屋顶

了热、光和声所有要素的分配与组合，绝非大多数的常规环境（circumstances）所能比拟。最重要的是，这是一种能够触动所有感官的环境。与惯常情况不同，其代表是维克多·欧尔焦伊著作中穿戴整齐的男士，他与环境的接触是有限的而且衣着得体；然而在瓦尔斯温泉浴场，我们进入到一种全然不同的、无比感性的环境之中。

瓦尔斯山谷在前莱茵河（Vorderrhein）伊兰茨镇（Ilanz）的南侧隆起。在山谷高处海拔 1200 米的地方，有一股清泉从山坡上冒了出来。自 19 世纪以来，该泉水就被用作一处温泉浴场，而且正是在这里——现有的旅馆附近——彼得·卒姆托规划设计了他的建筑（图 10.2）。在描述该建筑的基本性质时，他写道：

> 该建筑采取的形式为一种覆盖上青草的大型岩石，建筑深深地置入山体，并与山体侧面相契合。这是一座孤立的建筑，从而避免了它与现存房屋在形式上的整合，以便能够更为清晰地唤起——并且尤为充分地实现了——在我们看来，一种更重要的作用：与山地景观建立起一种独特的联系。[2]

正是这种对山脉的敏锐意识，确立并且表征了该建筑的环境经验。我们只要考察建筑的平面图（图 10.3）和剖面图（图 10.4），

---

[2] Peter Zumthor, *Peter Zumthor Works: Buildings and Projects 1979–1997*, Lars Müller Publishers, Baden, Switzerland, 1998.

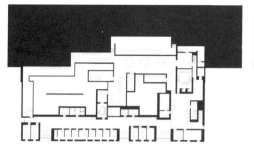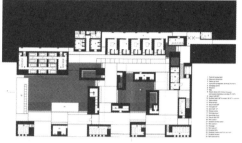

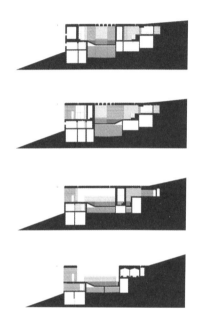

就立即能够理解建筑与山谷的地形与地质之间有着密切而丰富的联系。从平面图中我们可以注意到，建筑的密度，即其"地质"的形成，是如何变化的——随着它由最里面向外展开，从由整体承重"石块"环绕而成的室内中央游泳池开始，转向实体与虚空相互交替的状态——以此构成了建筑东侧的边缘。我们还可以看到，建筑的形态是如何向南开放，并终止于露天游泳池和露台。其剖面图揭示出建筑"剪切并填充"进山坡之中。这些特性直接影响了建筑的环境经验。作为一位浴者，你到达了建筑平面的西北角位置——深藏于山体，穿过不断变化的环境走向更为开放的东端与南端。你先得

图 10.5（上两图）
从台阶式的斜坡向南看

图 10.6（下图）
从台梯式斜坡的底部向
东望

经过雅致的、化妆间般的抛光硬木更衣室，接着出现在了一条走道上，它正位于通向室内浴池的一条台阶式斜坡之上（图 10.5）。在向下走的过程当中，你可以首先对中央浴池进行全览；然后在坡道的底部，随着你向东一转，呈现于眼前的是对面山坡的框景（图 10.6）。从这里，您可以随心所欲地探索建筑提供的各种感官体验。[3]

---

[3] 瓦尔斯温泉浴场的原则是，沐浴者应该自己决定该如何使用温泉，即以什么样的流程或者是多长的时间来享受各种水池和露台。

体验与环境

温泉的主要体验就是将身体浸泡在水中,而水温各不相同;除了以上这些,该建筑还提供了一种复杂综合的感官刺激。洗浴者们不仅沉浸于而且无尽地融入这种气氛(atmosphere)或者氛围(aura)当中——正如弗里德里希·阿赫莱特纳一直坚持采用氛围这个词[4]——它的温度、湿度、亮度、气味及声音融为一体。

在视觉上,该环境涵盖了"岩石"内部空间的整个人工照明:建筑内部区域的黑暗之中泛着闪闪的亮光——狭长的光带,它的亮度经过精心安排,在屋顶板与小吊灯之间发出令人惊叹的亮光——这些光线主要是被条状的片麻岩表面所吸收,而不是反射出去(图10.7、图10.8和图10.9);彩虹蓝色的天窗以阵列的方式排布,它们位于中央浴池的上方,而明亮的阳光出现在东侧走廊,最后是完全透亮的天空——以山脉的水平视野为界——浮现于室外浴池的上方。

从瓦尔斯山泉流出来的泉水温度保持在30℃,正是泉水及其温度决定了该建筑的热环境。在温泉浴场内,中央浴池的水温有32℃,它由一块黄铜制作的牌子标示了出来;而一道采光井将片麻岩石墙切

图10.7
中央浴池,水温32℃

[4] Friedrich Achleitner, "Questioning the Modern Movement", in *Architecture and Urbanism: Peter Zumthor*, Extra Edition, February 1998, A+U Publishing, Tokyo. 阿赫莱特纳写道:"即便是彼得·卒姆托不喜欢它,aura(氛围)这个词在这里很合意,而 Atmosphere(气氛)还不足以表达。"

图10.8
自然光与人工照明相结合

断开，水温标牌就置于光井中。室外浴池的温度为36℃，以弥补暴露在环境温度下的热量损失。其他地方，由于石质体量的内部存在着许多腔体空间，浴者可以从中选择各种不同的水温，从42℃滚烫的浸泡浴到旁边14℃冰凉的冷水浴，形成对照。"花瓣"浴池水温舒适，为30℃；它提供了嗅觉方面的快感，因为漂浮于水面的茉莉花瓣散发出淡淡的清香。土耳其浴室则一间接着一间，它提供了一种更为极端的热体验——昏暗的灯光，回旋缭绕的蒸汽以及浓郁芬芳的气氛，将这种体验进一步强化。

整个温泉浴场声学效果丰富，而且有如流水一般微妙。在与史蒂文·施皮尔（Steven Spier）的对谈中，卒姆托指出："我认为，建筑听起来就应该像它们看上去的样子。"[5]这句话看似很简单，里面却隐藏着一种对于环境关系微妙且原创性的掌控。在纯粹的物理学术语当中，一处空间的声学效果是其几何形态与其材质的产物。在建筑科学的还原主义概念下，它是一种有关体积与吸音的功能。[6]

---

[5] Steven Spier, "Place, Authorship and the Concrete: Three Conversations with Peter Zumthor", in arq (*architectural research quarterly*), vol. 5, no. 1, 2001.

[6] W.C. Sabine, "Reverberation", in *The American Architect*, 1900, reprinted in F. Hunt (ed.), *Collected Papers on Acoustics*, Dover, New York, 1964. 这种联系是由 W.C. 萨宾——现代建筑声学的创始人——最早于他的文章《混响》中做了客观描述。

图10.9
室外浴池

而确立温泉浴场内部空间的四种主要的材料（石头、混凝土、玻璃与泉水）几乎具有相同的声学特性，所有这些材料都不怎么吸收声能。尽管如此，卒姆托操控着正交几何创造出了许多与体积和材质相关的联系，各不相同，这影响了建筑的声音感知。通过一些近乎神奇的洗浴过程，这座建筑似乎可以让浴者平静下来。人与人的交谈在这里显得很安静；随着浴者在建筑内漫步，他可以感知到声响并且做出回应，所以该浴场给人的印象与一座声响喧嚣的传统室内游泳池完全不同。如果我们将卒姆托有关建筑声音的陈述转换一种表达方式的话，那可能会是建筑的外观告诉你它将发出什么声音，或者——实际上在某些情况下——寂静无声。也许最引人注目的例子就是深入到建筑的西北角，即入口位置的下方，那里有一条几乎隐秘的过道通向"温泉岩洞"（图10.10）。在这个体量高大、表面粗犷的石头里，一种独特的声学效果出现了。空间的回声混响不知怎么地就引起沐浴者哼哼或歌唱，因为他们感觉到了建筑的声响。在室外浴池，那里并没有屋顶遮蔽，其声响来自于山谷而不是建筑；三只喷水龙头的出水强劲有力，营造出一种连续的、打击乐般的节奏，因为流水不是打在浴池的墙壁上就是碰到沐浴者的背部（图10.11）。所有这些效应都是由"自然的"声响所创造出来的，而沐浴者在建

图 10.10（左图）
温泉岩洞

图 10.11（右图）
室外浴池，喷水龙头

筑中"嬉戏"，几乎如同一位音乐家在演奏一件乐器一样。在建筑中一处独一无二的位置，即"会发声的石头"处，你会听到"人工化"的声音，那是作曲家 / 打击乐手弗里茨·豪瑟（Fritz Hauser）为该建筑专门创作的一段录音合成曲。在这里，你将作为声音的接受者而不是创造者，是被动的而非主动的。

卒姆托经常谈论他对音乐的兴趣：

> 莫扎特舒缓的钢琴协奏曲、约翰·克特兰（John Coltrane）悠扬的民谣，或者在某些歌曲当中人缥缈的吟唱声，都会触动我。
>
> 人类创造旋律、和声与节奏的能力，令我震惊。
>
> 然而，声音的世界也包含着一些与旋律、和声以及节奏相对立的东西。存在着不和谐与破碎的节奏、碎片与嘈杂之声，而且还存在着被我们称之为噪音的纯粹功能性的声响。当代音乐就是运用这些要素来创作的。[7]

他也注意到约翰·凯奇（John Cage）的作曲过程与建筑思考的

---

[7] Peter Zumthor, "A Way of Looking at Things", in *Thinking Architecture*, Birkhäuser, Basel, Boston, Berlin, 1999.

相关性，其中：

> 他并非这样一位作曲家：在脑海中浮现出音乐，然后
> 再试图将它写下来。他有另外一种创作方式。他制定出作
> 品的概念和结构，之后再让它们演奏起来以找出它们如何
> 发声。[8]

　　将建筑与音乐进行类比可能会是一种危险的误导，往往索然无
味；然而在试图描述瓦尔斯温泉浴场声音本质的一些东西时，它看起
来是有意义的。在与史蒂文·施皮尔的谈话中[9]，卒姆托实际上默认
了他的有关建筑声学——以及建筑照明——的做法，已经抛弃了传
统的、规范性的手段，而热衷于借鉴"一种个人化的身体经验"。鉴
于此，就有可能通过类比这两者——即卒姆托对当代音乐特点的描
述与他所参照的凯奇的作曲方式——从而表现出瓦尔斯浴场的声响。
"破碎与嘈杂之声"的声学体验，正如浴者的言谈、脚步声以及涟漪
的水声，相互作用于该建筑复杂的空间组织及其内部。

　　就其本质而言，建筑——尤其是作为实体的建筑物，正如在瓦
尔斯浴场那样——只能局部地体现凯奇音乐的那种不确定性。就其
建筑材料与体积的实际情况，其声音效果是必然的，这可能是一个
声学计算的问题；当它被建造起来，可以肯定几乎难以修改。正是在
这里，卒姆托借助于"一种个人化的身体体验"发挥出了作用。他
告诉施皮尔：

> 我必须考虑所有可能带来的潜在品质，它们在我的内
> 心中升起，浮现于我的记忆、经验、幻想与想象当中，以
> 生成这座建筑。而我这样做，在自己的脑海中并没有任何

---

[8] Peter Zumthor, "The Hard Core of Beauty", in *Thinking Architecture*, op. cit.
[9] Steven Spier, op. cit.

方案性的设想……我所提出来的这种方式帮助自己开始真
正地独立于规范、书籍以及参考物，因此我得以尝试忠实
于自己真实的感受。[10]

正如凯奇的音乐是无拘无束的，但不是随意的，卒姆托的建
筑创作方法也是以记忆和经验的可靠性作为支持；在寻求解决方案
时，人们可能会称之为"明智的直觉"（informed intuition）。瓦尔
斯温泉浴场独特而复杂的声效并不是通过计算与分析获得的。这样
的声学效果是如何才能被设计出来呢？它们是一种过程之产物，其
中记忆与经验的元素——有关环境想象的——被赋予了不断发展的
设计品质。

从白天到黑夜

白天向黑夜的转换，为瓦尔斯温泉浴场的环境体验带来了更深
一层的维度。这是通过光之媒介最为直接地传达出来，因为动态定
向的日光流——来自于东方和南方——被建筑内部更为静态的人造
光所替代。当然，这是所有现代建筑都会出现的情况，但极少有建
筑从白天向黑夜的转变是如此般的卓越。

简洁的金属灯罩吊灯为走道以及浴池周边区域提供了背景照
明，然而主要的光照还是来自浴池本身。嵌入式的灯具——设置于
水位线以下——透过池水投射出弧形之光；接着，它柔和地照亮了四
周的石墙壁。在中央浴池，这些光线也仅仅触及混凝土天花板的表
面，但在这里——16 扇蓝色的玻璃天窗本身就很明亮——由外部的
聚光灯来点亮，它采用了与阿尔瓦·阿尔托在赫尔辛基拉乌塔塔罗

---

[10] Steven Spier, op. cit.

（Rautatalo）办公楼的中央空间相类似的照亮方式。[11] 在室外游泳池，发光的水面本身就变成最神奇的照明物之一。它的光通过水面上升腾的蒸汽向上反射，在冬日夜晚黑暗与寒冷的笼罩之下，创造出了一片光明与温暖的领域。在夜间，这种由光线以及水波所诱发出的神奇品质，因寂静无声而获得了强化。室外浴池的喷水以及在"会发声的石头"中播放的录制乐曲——由弗里茨·豪瑟所创作——都停息了，整座建筑陷入了一种深沉的宁静。沐浴者缓慢地游动，如果他们要交谈，也是以低沉的声调。

环境形态学

> 卒姆托提炼并调整了路易斯·康的服务与被服务空间之原则，于其中他赋予粗壮的支墩空间以各种功能，从石洞到滚烫的、冰冷的或温暖的浴室，从茶歇之石，到发汗之石，到音乐之石，到淋浴之石，或者从蒸汽浴室到休息室。

阿赫莱特纳的这一分析[12]指出了卒姆托的建筑与路易斯·康建筑作品之间的重要联系——通过他们采用的策略，即在物化的建筑环境形态当中将"被服务"与"服务"空间进行差异化的对待。[13]这最突出地体现在"石头"般的大整块与中央浴池的联系方面。它强烈地令人想起路易斯·康在特伦顿犹太社区中心公共浴室（Trenton Bath House）（1955 年）中采用的组织关系。在一座温泉浴场中，其采用机械服务系统的程度以及它与建筑构造的一体化是如此显著，

［11］参见 Göran Schildt and Karl Fleig, *Alvar Aalto: Complete Works*, vol. 1, 1922–1962, Birkhäuser, Basel, Boston, Berlin, 1963.

［12］Friedrich Achtleitner, op. cit.

［13］参见本书前面第 4 章中有关路易斯·康环境策略的延展性讨论。

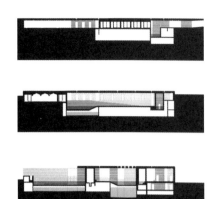

图 10.12
建筑长方向的系列
剖面图

正如在像路易斯·康的理查德医学研究大楼或萨尔克生物研究所的建筑案例中一样令人瞩目。这两位建筑师所提出的解决方案，它们之间的关键区别在于，路易斯·康在其建筑形态中——即便是在文化建筑当中，例如金贝尔艺术博物馆或者梅隆艺术中心（即耶鲁大学英国艺术中心——译者注）——明确地表达出服务性的空间，然而卒姆托在瓦尔斯之中却着力避免建筑技术的一切可见痕迹。

建筑长方向的剖面图（图 10.12）显示出，其公共部分是如何坐落于既深又宽的地下室之上——地下室房间用来布置建筑设备。这些设备确保了洗浴用水的供给、调节以及循环过程，并提供了更符合习俗的环境服务；但在这里，无论是环境设施所占据的空间还是其系统——不管它们存在于建筑的外部还是内部——都看不到确凿之物。路易斯·康的建筑成就，正如我在第 4 章中所论述的那样，在于其赋予环境服务之工艺以诗意化的表达。无论是在理查德医学研究实验室中强有力的垂直塔楼，还是在金贝尔艺术博物馆里不断交替的主要与次要空间、"被服务"与"服务"空间，是因为功能需求推动了创新，而这一过程在建筑形态当中显而易见。然而，卒姆托的设计重点则大不相同："好的建筑应该敞开门让人参观，应当能够让人体验并且栖居于此，而不该对着人喋喋不休（constantly talk）。"[14]

正如我在描述瓦尔斯温泉浴场时所尝试着去表达的，该建筑提

---

[14] Peter Zumthor, "The Hard Core of Beauty", op. cit.

供了一种丰富的、复杂的以及完全感官的体验。人的身体和精神全都沉浸在一种氛围的结合体当中——热的与冷的、光明的与黑暗的、安静的与回荡的、芬芳的、可触知的——空气、泉水、场所。这些都是由最高水准的技术造诣所成就，如果以卒姆托的建筑"述说"（talk）来比喻，它是寂静无声的。

部分参考书目

　　下面提供的是本书正文中所提到的主要书籍。相关评论、文章以及其他参考资料的引文，在本书每一篇论文的注释当中都有详细的说明。

　　Ahlin, Janne, *Sigurd Lewerentz: Architect*, Byggförlaget, Stockholm, 1985, English edition.

　　Architectural Monographs, *Sir John Soane*, Academy Editions, London, 1983.

　　Assunto, Rosario et al., *La Rotunda, Novum Corpus Palladianum*, Centro Internazionale di Studi, di Architettura "Andrea Palladio" di Vicenza, Electa, Milan, 1988.

　　Baker, Geoffrey H., *Le Corbusier: The Creative Search*, Van Nostrand Reinhold, New York, E & FN Spon, London, 1996.

　　Baldwin, James, *Collected Essays*, The Library of America, New York, 1998.

　　Banham, Reyner, *The Architecture of the Welltempered Environment*, The Architectural Press, London, 1969.

　　Benton, Tim, *The Villas of Le Corbusier: 1920–1930*, Yale University Press, New Haven, CT, 1987.

　　Bernan, W., *On the History and Art of Warming and Ventilating, Rooms and Buildings, etc.*, G. Bell, London, 1845.

　　Blundell-Jones, *Peter, Modern Architecture Through Case Studies*,

Architectural Press, Oxford, 2002.

Blundell-Jones, Peter, *Gunnar Asplund*, Phaidon, London and New York, 2005.

Boesiger, W. and Girsberger, H. (eds), *Le Corbusier 1910–1957*, Les Editions d'Architecture (Artemis), Zurich, 1967.

Brawne, Michael, *Louis I. Kahn and the Kimbell Art Museum, Fort Worth, Texas, 1972*, Phaidon, London, 1992.

Brooks, H. Allen, *Le Corbusier's Formative Years: Charles-Edouard Jeanneret at La Chaux-de-Fonds*, The University of Chicago Press, Chicago, 1997.

Brownlee, David B. and De Long, David G., *Louis I. Kahn: In the Realm of Architecture*, Rizzoli, New York, 1991.

Caldenby, Claes and Hultin, Olof, *Asplund, Rizzoli*, New York, 1986.

Carmel-Arthur, Judith and Buzas, Stefan, *Carlo Scarpa: Museo Canoviana, Possagno*, Edition Axel Menges, and Stuttgart/London, 2002.

Chabannes, Marquis J. B. M. F., *On Conducting Air by Forced Ventilation, and Regulating Temperature in Dwellings*, Patent Calorfiere Fumivore Manufactory and Foundry, London, 1818.

Collins, Peter, *Changing Ideals in Modern Architecture: 1750–1950*, Faber & Faber, London, 1965.

Cook, John W. and Klotz, Heinrich, *Conversations with Architects*, Lund Humphries, London, 1973.

Cooper, Jackie (ed.), *Mackintosh Architecture: The Complete Buildings and Selected Projects*, Academy Editions, London, 1978.

Cruickshank, Dan (ed.), Timeless *Architecture*, The Architectural Press, London, 1985.

Cruickshank, Dan (ed.), *Masters of Building: Erik Gunnar Asplund*, The Architects' Journal, London, 1988.

Curtis, William, *Le Corbusier: Ideas and Forms*, Phaidon, London and New York, 1986a.

Curtis, William, *Modern Architecture since 1900*, Phaidon, London and New

York, 1986b.

Dal Co, Francesco, and Mazzariol, Giuseppe (eds), *Carlo Scarpa: The Complete Works*, Electa/The Architectural Press, Milan and London, 1986.

De Llano, Pedro and Castanheira, Carlos, *Alvaro Siza: Obras e Projectos*, Galician Centre for Contemporary Art, Santiago de Compostela, 1995.

Fjeld, Per Olaf, *Sverre Fehn: The Thought of Construction*, Rizzoli, New York, 1983.

Flora, Nicola, Giardello, Paolo and Postiglione, Gennaro (eds), *Sigurd Lewerentz: 1885–1975*, Electa, Milan, 2001.

Ford, Edward R., *The Details of Modern Architecture, vol. 2: 1928 to 1998*, MIT Press, Cambridge, MA, 1996.

Frampton, Kenneth, *Studies in Tectonic Culture: The Poetics of Construction in Nineteenth and Twentieth Century Architecture*, MIT Press, Cambridge, MA, 1995.

Frampton, Kenneth, *Alvaro Siza: Complete Works*, Electa, Milan, 1999, first English edition, Phaidon, London, 2000.

Gage, John, *Colour in Turner: Poetry and Truth*, Studio Vista, London, 1969.

Gregory, Richard, *Eye and Brain: The Psychology of Seeing,* Weidenfeld and Nicholson, London, 1966.

Giedion, Sigfried, *Space, Time and Architecture*, Harvard University Press, Cambridge, MA, 1st edn, 1941, 4th edn, 1962.

Girouard, Mark, *Robert Smythson and the English Country House*, Yale University Press, New Haven, CT, 1983.

Girsberger, Hans and Fleig, Karl (eds), *Alvar Aalto: The Complete Work*, three vols, Birkhäuser Verlag, Berlin, vol. 1, 1963, vol. 2, 1971, vol. 3, 1978.

Gwilt, Joseph, *An Encyclopaedia of Architecture: Historical, Theoretical and Practical*, Longman, Brown, Green, London, 1825.

Hammer-Tugendhat, Daniela and Tegethoff, Wolf (eds), *Ludwig Mies van der Rohe: The Tugendhat House*, Springer Verlag, Vienna, 2000.

Hawkes, Dean, *The Environmental Tradition: Studies in the Architecture of Environment*, E & FN Spon, London, 1996.

Hawkes, Dean and Forster, Wayne, *Architecture, Engineering and Environment*, Laurence King, London, 2002.

Hitchcock, Henry Russell, *Architecture: Nineteenth and Twentieth Centuries*, Penguin, Harmondsworth, 1958, 3rd edn, 1969.

Holberton, Paul, *Palladio's Villas: Life in the Renaissance Countryside*, John Murray, London, 1990.

Holl, Steven, *The Chapel of St Ignatius*, Princeton Architectural Press, New York, 1999.

Holmdahl, Gustav, Lind, Sven Ivar and Ödeen, Kjell, *Gunnar Asplund Architect: 1885–1940*, AB Tidskriften Byggmästaren, Stockholm, 1950.

Hopkinson, R.G., Petherbridge, P. and Longmore, J., *Daylighting*, Heinemann, London, 1966.

Howarth, Thomas, *Charles Rennie Mackintosh and the Modern Movement*, Routledge & Kegan Paul, London, 1st edn, 1952, 2nd edn, 1977.

Jetsonen, Jari and Lahti, Markku, *Alvar Aalto Houses*, Rakennustieto Oy, Helsinki, 2005.

Jodidio, Philip, *Alvaro Siza*, Benedikt Taschen Verlag, Cologne, 1999.

Johnson, Nell (compiler), *Light is the Theme: Louis I. Kahn and the Kimbell Art Museum*, Kimbell Art Foundation, Fort Worth, 1975.

Kemp, Martin, *The Science of Art: Optical Themes in Western Art from Brunelleschi to Seurat*, Yale University Press, New Haven, CT Kunnantalo/Town Hall, Säynätsalo, Alvar Aalto Museum, Jyväskylä, 1997.

Le Camus de Mézières, Nicolas, *The Genius of Architecture; or, The Analogy of that Art with our Sensations*, David Britt (trans.), The Getty Center, Santa Monica, CA, 1992.

Le Corbusier, *Précisions on the Present State of Architecture and City Planning*, Crès et Cie, Paris, 1930, English trans., MIT Press, Cambridge, MA, 1991.

Le Corbusier, *OEuvre complète*, 8 vols, Edition Girsberger, Les Editions d'Architecture (Artemis), Zurich, 3rd edn, 1991.

Lloyd, G.E.R. (ed.), *Hippocratic Writings*, Penguin, London, 1978.

Los, Sergio, *Carlo Scarpa*, Benedikt Taschen Verlag, Cologne, 1993.

Loud, Patricia Cummings, *The Art Museums of Louis I. Kahn*, Duke University Press, Durham, NC, 1989.

Macaulay, James, *Glasgow School of Art: Charles Rennie Mackintosh*, Phaidon, London, 1993.

Macleod, Robert, *Charles Rennie Mackintosh*, Country Life, London, 1968.

Martin, Leslie, *Buildings and Ideas: 1933–1983*, Cambridge University Press, Cambridge, 1983.

McCarter, Robert, *Louis I. Kahn*, Phaidon, London, 2005.

McGrath, Raymond, *Twentieth Century Houses*, Faber & Faber, London, 1934.

McKitterick, David (ed.), *The Making of the Wren Library, Trinity College, Cambridge*, Cambridge University Press, Cambridge, 1995.

Menin, Sarah and Samuel, Flora, *Nature and Space: Aalto and Le Corbusier*, Routledge, London, 2003.

Middleton, Robin (ed.), *The Beaux-Arts and Nineteenth Century French Architecture*, Thames and Hudson, London, 1982.

Mikkola, Kirmo, (ed.) *Alvar Aalto vs. the Modern Movement*, Proceedings of the International Alvar Aalto Symposium 1979, Kunstanja Rakennuskirja Oy, 1981.

Mikonranta, Kariina, *Golden Bell and Beehive: Light Fittings Designed by Alvar and Aino Aalto*, The Alvar Aalto Museum, Jyväskylä, 2002.

Mumford, Lewis, *Technics and Civilization*, Routledge & Sons, London, 1934.

Murphy, Richard, *Carlo Scarpa and the Castelvecchio*, Butterworth Architecture, London, 1990.

Neat, Timothy, *Part Seen, Part Imagined: Meaning and Symbolism in the Work of Charles Rennie Mackintosh and Margaret Macdonald*, Canongate Press, Edinburgh, 1994.

Nerdinger, Winfried (ed.), *Alvar Aalto: Toward a Human Modernism*, Prestel, Munich, 1999.

Nevola, Francesco, *Soane's Favourite Subject: The Story of Dulwich Picture Gallery*, Dulwich Picture Gallery, London, 2000.

Norberg-Schulz, Christian and Postiglione, Gennaro, *Sverre Fehn: Opera Completa*, Electa, Milan, 1997, English edition, Monacelli Press, New York, 1997.

Olgyay, Victor, *Design with Climate: Bioclimatic Approach to Architectural Regionalism*, Princeton University Press, Princeton, NJ, 1963.

Palladio, Andrea, *I Quattro Libri dell'Architettura*, Venice, 1570, English trans., Isaac Ware, *The Four Books of Andrea Palladio's Architecture*, London, 1738; *repr. Andrea Palladio: The Four Books of Architecture*, Introduction by A.K. Placzek, Dover, New York, 1965.

Pallasmaa, Juhani, *The Eyes of the Skin: Architecture and the Senses*, Academy Editions, London, 1996.

Pallasmaa, Juhani (ed.), *Alvar Aalto: Villa Mairea*, Alvar Aalto Foundation/ Mairea Foundation, Helsinki, 1998.

Pallasmaa, Juhani (ed.), *Alvar Aalto Architect, vol. 6: The Aalto House 1935–1936*, Alvar Aalto Foundation/Alvar Aalto Academy, Helsinki, 2003.

Palazzolo, Carlo and Vio, Riccardo (eds), *In the Footsteps of Le Corbusier*, Rizzoli, New York, 1991.

Pevsner, Nikolaus, *Pioneers of Modern Design*, Penguin, Harmondsworth, 1960, first published as *Pioneers of the Modern Movement*, Faber & Faber, London, 1936.

Pevsner, Nikolaus, *A History of Building Types*, Thames and Hudson, London, 1976.

Rapoport, Amos, *House, Form and Culture*, Prentice-Hall, Englewood Cliffs, NJ, 1969.

Ray, Nicholas, *Alvar Aalto*, Yale University Press, New Haven, CT, 2005.

Reed, Peter (ed.), *Alvar Aalto: Between Humanism and Materialism*, The Museum of Modern Art, New York, 1998.

Reid, D.B., *Illustrations of the Theory and Practice of Ventilating*, London, 1844.

Richards, J.M., *An Introduction to Modern Architecture*, Penguin,

Harmondsworth, rev. edn, 1961.

Richardson, Charles James, *A Popular Treatise on the Warming and Ventilation of Buildings: Showing the Advantage of the Improved System of Heated Water Circulation*, John Weale, Architectural Library, London, 1837.

Richardson, Margaret and Stevens, MaryAnn (eds), John Soane, *Architect: Master of Light and Space, Royal Academy of Art*, London/Yale University Press, New Haven, CT, 1999.

Riley, Terence and Bergdoll, Barry (eds), *Mies in Berlin*, The Museum of Modern Art, New York, 2001.

Robertson, Pamela (ed.), *Charles Rennie Mackintosh: The Architectural Papers*, White Cockade Publishing, Wendlebury, in association with the Hunterian Museum, Glasgow, 1990.

Ronner, Heinz and Jhaveri, Sharad, *Louis I. Kahn: Complete Work 1935–1974*, Birkhäuser, Basel and Boston, 1977.

Rudi, Arrigo and Rossetto, Valter (eds), *La Sede Centrale della Banca Popolare di Verona*, Banca Popolare di Verona, Verona, 1983.

Rudofsky, Bernard, *Architecture Without Architects: A Short Introduction to Non-pedigreed Architecture*, Doubleday, New York, 1964.

Sabine, Wallace Clement and Hunt, Frederick (eds), *Collected Papers on Acoustics*, Dover, New York, 1964.

Schildt, Göran, *Villa Mairea 1937–1939*, Guidebook, Mairea Foundation, Noormarku, 1982.

Schildt, Göran (ed.), *Sketches: Alvar Aalto*, MIT Press, Cambridge, MA, 1985.

Scully, Vincent, *Louis I. Kahn*, George Braziller, New York, 1962.

Snow, C.P., *The Two Cultures and the Scientific Revolution*, Cambridge University Press, Cambridge, 1959.

Solà-Morales, Ignasi, Cirici, Cristian and Ramos, Fernando, *Mies van der Rohe and the Barcelona Pavilion*, Editorial Gustavo Gili, SA, Barcelona, 5th edn, 2000.

Steel, James, *Louis I. Kahn: Salk Institute, La Jolla, 1959–1965*, Phaidon,

London, 1993.

Tredgold, Thomas, *Principles of Warming and Ventilating*, London, 1824.

Vandenberg, Maritz, *Farnsworth House: Ludwig Mies van der Rohe*, Phaidon, London, 2003.

Van Zanten, David, *Designing Paris: The Architecture of Duban, Labrouste, Duc, and Vaudoyer*, MIT Press, Cambridge, MA, 1987.

Venturi, Robert, I*conography and Electronics upon a Generic Architecture: A View from the Drafting Room*, MIT Press, Cambridge, MA, 1996.

Waterfield, Giles, *Soane and After: The Architecture of Dulwich Picture Gallery*, Dulwich Picture Gallery, London, 1987.

Waterfield, Giles (ed.) *Palaces of Art: Art Galleries in Britain, 1790–1990*, National Gallery of Art/Los Angeles County Museum of Art, 1995, Dulwich Picture Gallery, London, 1991.

Watkin, David, *Sir John Soane: Enlightenment Thought and the Royal Academy Lectures*, Cambridge University Press, Cambridge, 1996.

Watkin, David (ed.), *Sir John Soane: The Royal Academy Lectures*, Cambridge University Press, Cambridge, 2000.

Weston, Richard, *Villa Mairea: Architecture in Detail*, Phaidon, London, 1992.

Weston, Richard, *Alvar Aalto*, Phaidon, London, 1995.

Wilson, Colin St John, *Sigurd Lewerentz and the Dilemma of Classicism*, The Architectural Association, London, 1989.

Wilson, Colin St John, *Architectural Reflections: Studies in the Philosophy and Practice of Architecture*, Butterworth Architecture, Oxford, 1992.

Wilson, Colin St John, *The Other Tradition of Modern Architecture: The Uncompleted Project*, Academy Editions, London, 1995.

Wilson, Colin St. John, *The Other Tradition of Modern Architecture: the uncompleted project*, Academy Editions, London, 1995. 2nd Edition, Black Dog Publishers, London, 2007.

Wrede, Stuart, *The Architecture of Erik Gunnar Asplund*, MIT Press, Cambridge, MA, 1983.

Wurman, R.S., *"What Will Be Has Always Been": The Words of Louis I. Kahn*, Access Press and Rizzoli, New York, 1986.

Ylimaula, Anna-Maija, *Origins of Style: Phenomenological Approach to the Essence of Style in the Architecture of Antoni Gaudí, C. R. Mackintosh and Otto Wagner*, Acta Universitatis Ouluensis, University of Oulu, 1992.

Yoshida, Nobuyuki (ed.), *Peter Zumthor: Architecture and Urbanism Extra Edition*, a+u Publishing Company, Tokyo, 1998.

Zumthor, Peter, *Peter Zumthor Works: Buildings and Projects 1979–1997*, Lars Müller Publishers, Baden, Switzerland, 1998.

Zumthor, Peter et al., *Kunsthaus Bregenz*, Archive Kunst Architektur: Werkdocumente, Verlag Gerd Hatje, Ostfildern-Ruit, 1999.

Zumthor, Peter, *Thinking Architecture*, Birkhäuser, Basel, Berlin and Boston 1998. 2nd Edition, 2006.

Zumthor, Peter, *Atmospheres: Architectural Environments, Surrounding Objects*, Birkhäuser, Basel, Berlin and Boston, 2006.

Zumthor, Peter, *Therme Vals*, with essays by Sigrid Hauser and Peter Zumthor, photographs by Hélène Binet, Scheidegger & Spiess, Zurich, 2007.

中英文对照（部分）

A

A History of Building Types《建筑类型的历史》

A Popular Treatise on the Warming and Ventilation of Buildings《建筑供暖与通风通论》

A Way of Looking at Things《一种观察事物的方式》

Accademia Reale di Belle Arte 威尼斯美术学院

Albini 阿尔比尼

Alvar Aalto 阿尔瓦尔·阿尔托

Alvaro Siza 阿尔瓦罗·西扎

Amédée Ozenfant 阿梅德·奥赞方

Amor and Psyche with Butterfly 爱神与仙女普塞克

Andrea Palladio 安德烈亚·帕拉第奥

Antonin Raymond 安托尼·雷蒙德

Antonio Canova 安东尼奥·卡诺瓦

Arcaismo Technologico 古风技术

Archbishopric Museum 大主教博物馆

Architectural Reflections《建筑思考》

Argand lamp 阿尔冈灯

Arthur T. Bolton 阿瑟·T·博尔顿

Asolo 阿索洛（地名）

August Komendant 奥古斯特·克门丹特

A.M.Perkins A.M. 帕金斯

B

Banca Popolare di Verona 维罗纳大众银行总部

Belvedere Pavilion 贝尔维迪宫

Bestegui Apartment 贝斯特吉公寓

Beyeler Foundation 贝耶勒基金博物馆

Bibliothèque Ste. Geneviève 圣日内维耶图书馆

Bibliothèque Nationale（法国）国家图书馆

Björkhagen 比约克哈根（地名）

Boris Podrecca 鲍里斯·波德雷卡

Bothnia 波的尼亚湾（地名）

Bramante 布拉曼特

Braque 布拉克

briar pipe 楠木根烟斗

Brick House 砖住宅

Brno 布尔诺市（地名）

Brownlee 布朗宁

Bryggman 布吕格曼

Bunte Mahlzeit《七彩宴席》

C

Cangrande 坎格兰德

Carlo Scarpa 卡洛·斯卡帕

Caruso St John 卡鲁索—圣约翰

Castelvecchio 古堡博物馆

Celle-St-Cloud 拉塞勒—圣克卢（地名）

Chambers Dictionary《钱伯斯词典》

Changing Ideals in Modern Architecture
《现代建筑设计思想的演变》

Chapel of St Benedict 圣本笃小礼拜堂

chapels of St Gertrud and St Knut 圣格特鲁
德与圣克努特教堂

Chapel of the Resurrection 复活教堂

Charles Rennie Mackintosh 查尔斯·雷尼·麦
金托什

Charles James Richardson 查尔斯·詹姆斯·理
查森

Charlotte Perriand 夏洛特·帕瑞安德

Chatsworth 查茨沃思（地名）

Christopher Wren 克里斯托弗·雷恩

Chur 库尔（地名）

church of Santa Maria 圣玛丽亚教堂

churches of St Mark's 圣马可教堂

Cinq points d'une architecture nouvelle
"新建筑五点"

Clerestorey 高侧窗

Colin St John Wilson 科林·圣·约翰·威尔逊

Corpus Christi College 基督圣体学院

Cour d'Honneur 荣誉庭院

cri de cœur 发自肺腑之声

Crittall 克里托尔

Cy Twombly Gallery 塞·托姆布雷画廊

C.P.Snow C.P. 斯诺

C.P.Boner C.P. 博纳

D

Daniela Hammer-Tugendhat 丹妮拉·哈默—
图根哈特

David Van Zanten 大卫·范·赞滕

David Watkin 戴维·沃特金

De Long 德朗

Dean Hawkes 迪恩·霍克斯

Design with Climate《设计结合气候》

Die Wohnung unserer Zeit 我们这个时代的
公寓

Dulwich College 达利奇学院

Dulwich Picture Gallery 达利奇美术馆

E

Edmund Burke 埃德蒙德·伯克

Encyclopaedia of Architecture《建筑百科全书》

Enskade 恩斯克登（地名）

Erik Gunnar Asplund 埃里克·贡纳尔·阿
斯普朗德

Errazuris house 埃拉苏里斯住宅

Experiencing Architecture《体验建筑》

F

Farnsworth House 范斯沃斯住宅

Fisher House 费舍尔住宅

Fjeld 费耶尔德

Four Books《建筑四书》

Francesco Dal Co 弗朗切斯科·达尔·科

Francesco Lazzari 弗朗西斯科·拉扎里

Frank Lloyd Wright 弗兰克·劳埃德·赖特

Friedrich Achleitner 弗里德里希·阿赫莱特纳

Friedrichstrasse 弗里德里希大街

Fritz Hauser 弗里茨·豪瑟

Fritz Tugendhat 弗里茨·图根哈特

G

Galerie Thomas 托马斯画廊

Galician Centre for Contemporary Art 加利西亚当代艺术中心

Garman Ryan collection 加曼—瑞恩系列收藏

Gericke House 格瑞克住宅

George Bailey 乔治·贝利

Gipsoteca Canoviana at Possagno 波萨尼奥的石膏像博物馆

Giuseppe Mazzariol 朱塞佩·马扎里奥

Giovanni Belzoni 乔瓦尼·贝尔佐尼

Glasgow practice of Honeyman and Keppie（格拉斯哥）霍尼曼与科佩建筑事务所

Göran Schildt 戈兰·希尔特

Gothenburg Law Courts 哥德堡法院

Grande Salle des Imprimés 图书阅览大厅

Graubünden 格劳宾登州（地名）

Gubin 古宾（地名）

Gustaf Adolf Square 古斯塔夫—阿道夫广场

Gwilt's Encyclopaedia of Architecture《格威尔特建筑百科全书》

G.-Tilman Mellinghof　G·蒂尔曼 - 米列霍夫

H

Hamar 哈马尔（地名）

Hardwick Hall 哈德威克庄园

Helsingborg 赫尔辛堡

Henri Labrouste 亨利·拉布鲁斯特

Henry-Russell Hitchcock 亨利 - 卢梭·希区柯克

Holberton 霍尔伯顿

Hubbe house 哈伯住宅

H.Allen Brooks　H. 艾伦·布鲁克斯

I

Ilanz 伊兰茨镇（地名）

Ingmar Bergman 英格玛·伯格曼

Innocent VIII 教皇英诺森八世

Istituto Universitario di Architettura di Venezia 威尼斯建筑大学

J

Jacob Epstein 雅各布·爱泼斯坦

James Baldwin 詹姆斯·鲍德温

James Stirling 詹姆斯·斯特林

James Watt 詹姆斯·瓦特

Janne Ahlin 詹恩·阿林

John Cage 约翰·凯奇

John Coltrane 约翰·克特兰

John Soane 约翰·索恩

John Summerson 约翰·萨默森

Jonas Salk 乔纳斯·索尔克

Josep Lluis Sert 何塞普·路易斯·塞特

Joseph Gwilt 约瑟夫·格威尔特

Juhani Pallasmaa 尤哈尼·帕拉斯玛

Jules David Prown 朱尔斯·大卫·普朗

J.M.Gandy J.M. 甘迪

J.M.Richards J.M. 理查兹

J.M.W.Turner J.M.W. 透纳

K

Kahnian 路易斯·康主义者

Kävlingevägen 谢夫灵厄大街

Kenneth Frampton 肯尼思·弗兰姆普敦

Kettle's Yard 茶壶院美术馆

Kimbell Art Museum 金贝尔艺术博物馆

Klas Anselm 克拉斯·安塞尔姆

Klippan 克利潘 （地名）

Krefeld 克雷费尔德 （地名）

Kristian Gullichsen 克里斯蒂安·古利克森

Kunsthaus Bregenz 布雷根茨美术馆

L

La Chaux-de-Fonds 拉绍德封

La Cheminée《壁炉》

La Rinascente Store 罗马文艺复兴百货商店

La Rotonda 圆厅别墅

Lake Constance 康斯坦茨湖

Lake Mjosa 米约萨湖

Lange and Esters houses 朗格与埃斯特斯住宅

Larkin Building 拉金大厦

Le Camus de Mézières 勒·加缪·德·梅济耶尔

Le Corbusier 勒·柯布西耶

Le Pradet 勒普拉代

Leiviska 莱维斯卡

Les Cinq points d'une architecture nouvelle "新建筑五点"

les Mathes 莱斯马泰 （地名）

Leslie Martin 莱斯利·马丁

Lewis Mumford 刘易斯·芒福德

Lincoln's Inn Fields 林肯广场

Louis Kahn 路易斯·康

lumière mystérieuse 神秘之光

Lund 隆德市 （地名）

L'Architettura 建筑

M

machine à habiter 居住的机器

Madonna Incoronata 加冕的圣母

Madonna con Bambino 圣母和圣婴

Magasin Central des Imprimés 中央书库

Maison Cook 库克住宅

Maison La Roche 拉罗歇住宅

Maison 'Minimum' "最小"住宅

Malmö Eastern Cemetery 马尔默东区墓园

Marc Treib 马克·特赖布

Margaret 玛格丽特

Marco de Canavezes 马尔科—德卡纳维泽斯
（地名）

Marie Gullichsen 玛丽·古利克森

Matthew Boulton 马修·博尔顿

Mellon Center 梅隆艺术中心

Menil Collection 梅尼尔收藏博物馆

Mies van der Rohe 密斯·凡·德·罗

Moses Harris 摩西·哈里斯

Mont Cornu 大角山（地名）

Mundaneum 曼达纽姆

Munkkiniemi 蒙其聂米（地名）

Musée d'Art Contemporain 当代艺术博物馆

Museo Canoviano 石膏像博物馆

Museum of Modern Art 现代艺术博物馆

N

Neil Levine 尼尔·莱文

Neuilly 纳伊市（地名）

Nicodemus Tesin 尼科迪默斯·特辛

Nigel Craddock 奈杰尔·克拉多克

Nikolaus Pevsner 尼古拉斯·佩夫斯纳

Noel Desenfans 诺尔·德森凡斯

Noormarkku 诺尔马库（地名）

Norrkoping 诺尔雪平（地名）

O

Œuvre complete 勒·柯布西耶作品全集，
简称《作品全集》

Olivetti-Argentina 奥利维蒂—阿根廷

Oporto 波尔图（地名）

Oregon 俄勒冈（地名）

Örkhagen 比约克哈根（地名）

Otaniemi 奥塔涅米（地名）

Ozenfant Studio 奥赞方画室

P

Päijänne 派延奈湖（地名）

Pamela Robertson 帕梅拉·罗伯逊

parti "配件"

Paul Mellon 保罗·梅隆

Pavillon l'Esprit Nouveau 新精神馆

Pépinière 苗圃园

Peter Buchanan 彼得·布坎南

Peter Collins 彼得·柯林斯

Peter Zumthor 彼得·卒姆托

Petite Maison de Weekend 周末度假小住宅

Philips Collection 菲利普美术馆

Phillips Exeter Academy 菲利普斯埃克塞特
学院

Piazza Nogara 诺加拉广场

Pilar and Joan Miró Foundation 皮拉尔与胡
安·米罗基金会美术馆

Place du Panthéon 先贤祠广场

Poché 中空墙

Poissy 普瓦西（地名）

Porphyrios 波菲里奥斯

Possagno 波萨尼奥（地名）

Précisions《精确性》

Q

Quantrill 昆特里尔

Questions of Perception《有关感知问题》

Querini Stampalia 奎里尼·斯坦帕利亚（地名）

Querini Stampalia Foundation 奎里尼·斯坦帕利亚基金会博物馆

R

Rafael Moneo 拉斐尔·莫内欧

Rautatalo 拉乌塔塔罗（地名）

Raymond McGrath 雷蒙德·麦格拉斯

reconciliation chapel 和解礼堂

Reggia 瑞杰古堡

Renfrew Street 伦弗鲁街

Renzo Piano 伦佐·皮亚诺

Resor House 里瑟住宅

Reyner Banham 雷纳·班纳姆

Richard Gregory 理查德·格雷戈里

Richard Kelly 理查德·凯利

Richard Murphy 理查德·墨菲

Richard Weston 理查德·韦斯顿

Richards Medical Research Building 理查德医学研究大楼

Riihtie 里赫蒂（地名）

Rinascente 文艺复兴

River Clyde 克莱德河

Robert Adam 罗伯特·亚当

Robert Bruegmann 罗伯特·布鲁格曼

Robert Smythson 罗伯特·史迈森

Robert Venturi 罗伯特·文丘里

Robin Middleton 罗宾·米德尔顿

Rue de Richelieu 黎塞留街

rue des Petits-Champs 小场街

rue Nungesser et Coli 南杰瑟—科利大街

rue Vivienne 维维安路

rus in urbe "田园都市"

S

Sabbioneta 萨比奥内塔（地名）

Sacello 小神龛

Sainsbury Wing 塞恩斯伯里侧翼

Salk Institute for Biological Studies 索尔克生物学研究所

Santiago de Compostela 圣地亚哥—德孔波斯特拉（地名）

Sarcophagus of Seti 西蒂石棺

Säynätsalo Town Hall 珊纳特赛罗市政厅

Scamozzi 斯卡莫奇

Sergio Los 塞尔吉奥·洛斯

Serralves Foundation 塞拉维夫基金会（美术馆）

Shelter for Roman Archaeological Excavations 古罗马考古发掘庇护所

Sigfried Gedion 西格弗里德·吉迪恩

Sigurd Lewerentz 西格德·莱韦伦茨

Sir Christopher Wren 克里斯托弗·雷恩爵士

Sir David Brewster 戴维·布鲁斯特爵士

Sir John Soane: The Royal Academy Lectures 《约翰·索恩爵士：皇家学院讲座》

Sir John Summerson 约翰·萨默森爵士

Sir Joseph Paxton 约瑟夫·帕克斯顿爵士

Sir Peter Francis Bourgeois 皮特·弗朗西斯·布尔乔亚爵士

Son Abrines 桑—阿布里内斯（地名）

spine wall 脊柱墙

St Benedict's chapel 圣本笃小礼拜堂

St Ignatius Chapel 圣依纳爵礼拜堂

St Ignatius of Loyola 圣依纳爵·罗耀拉

St Mark at Björkhagen 比约克哈根的圣·马克教堂

St Peter's at Klippan 克利潘的圣彼得教堂

Steen Eiler Rasmussen 斯坦·埃勒·拉斯穆森

Steven Holl 史蒂文·霍尔

Steven Spier 史蒂文·施皮尔

Stora Hamn Canal 斯托拉—哈姆运河

Stuart Wrede 斯图尔特·弗雷德

Studies in Tectonic Culture 《建构文化研究》

stucco lucido 炫光抹灰

Sumvigt 苏姆维格特（地名）

Swiss interlude "瑞士之旅"

Sverre Fehn 斯维勒·费恩

Sydney Smirke 西德尼·斯默克

Seemliness 《雅致》

T

Technics and Civilization 《技术与文明》

Tegethoff 特格特霍夫

Tim Benton 蒂姆·本顿

The Architecture of the Well-tempered Environment 《环境调控的建筑学》

The Architects Journal 《建筑师杂志》

The Dwelling as a Problem 《住宅作为一个问题》

The Eyes of the Skin 《肌肤之目》

The Humanizing of Architecture 《建筑的人性化》

The Other Tradition of Modern Architecture 《现代建筑的另类传统》

Therme Vals 瓦尔斯温泉浴场

Thomas Young 托马斯·杨

Three Graces 三女神

Todd Willmert 托德·维尔默特

Trenton Bath House 特伦顿（犹太社区中心公共）浴室

Treviso 特雷维索（地名）

Tugendhat House 图根哈特住宅

Tyringham House 蒂林厄姆住宅

U

Ulrich Lange house 乌尔里奇·朗格住宅

Unité d'Habitation 马赛公寓

Upperville 阿珀维尔镇 （地名）

V

Venetian palazzo 威尼斯宫

Veneto 威尼托 （地名）

Vicenza 维琴察 （地名）

Victor Olgyay 维克多·欧尔焦伊

Viipuri Library 维堡图书馆

Villa Capra 卡普拉别墅

Villa Church 丘奇别墅

Villa Favre-Jacot 法福尔 - 杰科特别墅

Villa Jeanneret-Perret 让纳雷—佩雷特别墅

Villa Mairea 玛丽亚别墅

Villa Mandrot 曼德洛住宅

Villa Savoye 萨伏伊别墅

Villa Schwob 施沃布别墅

Villa Stein-de-Monzie 斯坦因·德·蒙齐住宅

Villas Fallet 佛莱别墅

Ville d'Avray 阿夫赖城

William Morris 威廉·莫里斯

Vincent Scully 文森特·斯库利

Vorderrhein 前莱茵河 （地名）

W

Walsall Art Gallery 沃尔索尔美术馆

Werner Blaser 维尔纳·布雷泽

William Curtis 威廉·柯蒂斯

William Key 威廉·基

William Morris 威廉·莫里斯

Wimpole Hall 温波尔堂

Wolf House 沃尔夫住宅

Woodland Chapel 林地礼拜堂

Whetstone Park 磨石公园 （路）

Y

Yale Center for British Art 耶鲁英国艺术中心

Yale University Art Gallery 耶鲁大学美术馆

Z

Zanusso 扎努索

译后记

　　2013 年国庆节后，戴维·波特（David Porter）先生（中央美院建筑学院特聘教授，英国格拉斯哥艺术学院麦金托什建筑学院前院长）亲临学院进行教学指导。这次他给我带来了一件特别的礼物——他的好友迪恩·霍克斯先生近年出版的一本代表性著作《建筑的想象：建筑环境的技术与诗意》（中译名）。迪恩·霍克斯是英国卡迪夫大学以及剑桥大学建筑设计荣誉教授。他的研究专注于建筑环境设计领域。

　　这本书分为三大部分，共由十篇文章构成。翻阅完图书之后，我意识到该书显著的学术价值。贯穿于全书，作者旨在强调建筑设计中的环境因素——例如声、光、热等——的意义，并且高屋建瓴地将操控建筑环境的技术手段与环境的艺术表现紧密地结合在一起讨论。通常的建筑评论在涉及建筑环境方面的话题时，仅仅是对其进行技术层面的分析，或者只是从空间与造型的艺术视角进行阐释。然而，迪恩·霍克斯的创造性在于他将环境的物质因素与人对环境的感知两者充分结合，具有显著的启示。该书也可以作为一本侧重于环境视角的现代建筑案例解析来阅读。图书以 19 世纪和 20 世纪欧美国家最卓越的现代建筑师作为代表，深入且翔实地剖析了其代表性的作品。另外，在某种程度上该书也可以视为一部片段化的现代建筑史读物。书中讨论的主题以时间为线索，内容跨越 19 世纪至 20 世纪末，涵盖早期现代建筑、现代主义建筑、晚期现代主义建筑与当代建筑等不同时期的建筑作品。

　　2015 年秋，我在中央美术学院建筑学院开设"现代西方建筑历史"课程时将该书作为课程研学作业的素材之一。这个选题得到了同学们的积极响应，很快就被大家"抢"完。接下来，同学们也完成了初步的翻译工作。然而，由于当时教学任务繁忙我未能将这些成果进一步地整编，所以这件事就暂停了下来。半年后的一个偶然机会，建筑学院的傅祎教授向我推荐认识了北京大学出版社的谭燕女士。谭燕女士对这本书的学术价值非常认可，帮助我落实了该书的版权。因此，翻译出版这本英文图书的构想成为了现实。

当时我爱人周雷雷女士正在清华大学建筑学院攻读博士学位，她有兴趣也有时间参与该书的整编工作。但考虑到同学们当初的翻译作业参差不齐，我们决定重新翻译，一方面可以确保译文的专业术语准确，另一方面我们也希望它成为一本通俗易懂的建筑泛专业读物。我们着手开始翻译已经是 2016 年 9 月份了。

原本我们计划用大概半年的时间，迅速完成翻译工作。然而事与愿违，大约一年半之后我们才大功告成。一方面是因为教学、科研任务繁重，另一方面也是在工作过程中才发现翻译这本书具有一定的难度。尽管这不是一本大部头的著作，但是该书的信息量庞大。迪恩·霍克斯教授治学严谨，他在书尾列出了长长的参考书目名单——多达 120 余种，可见功夫之深。这也反映在每一篇文章的注释当中，例如图书第 1 章《索恩、拉布鲁斯特、麦金托什——环境设计的先驱者》，其尾注竟然有 53 条。首先，作者在书中旁征博引，多处引用理论家以及建筑师本人的论述来支持自己的观点，为翻译增加了困难。其次，该书以建筑环境设计为视角涵盖了大量现当代建筑案例，尤其是一些未被充分发掘的优秀作品。作者在第 2 章《勒·柯布西耶和密斯·凡·德·罗——延续与创新》中，为了论证壁炉在柯布西耶家居生活本质中的象征性以及其对空间组织的重要作用，连续探讨了柯布西耶的 17 座独户住宅。同时在第 6 章《适应光的建筑——西格德·莱韦伦茨》中，他生动地论述了瑞典现代建筑师西格德·莱韦伦茨早期设计的斯德哥尔摩复活教堂（1923 —

1925 年）以及建筑师最后的工作室等作品，这些都是未被充分发掘的优秀案例。因此，从某种角度上可以说，这本书成了现代建筑环境设计的经典案例库。最后，本书所关注之重点——建筑环境——往往是通常的建筑议题之外的一些东西。尽管书中大量运用插图与文字形成呼应，然而要想精准地理解并转述作者的观点，还需要更深入地查阅相关的图像资料。因而，这个过程也花费了不少时间。

尽管翻译这本图书超出了预期的时间，我们却从中受益匪浅，尤其是受惠于迪恩·霍克斯教授宽广的研究视野。该书的篇章结构是以时间为线索展开，而且每篇文章也大致是以建成作品的先后顺序来论述。然而，这些文章具体的研究方式却各有不同。首先，其最主要的方法是将不同建筑师的代表性作品进行横向比较，以展现建筑环境设计视野与手段的丰富和多样。例如：第 1 章、第 7 章、第 8 章和第 9 章分别是从 19 世纪经典建筑、庇护所、艺术博物馆以及教堂等类型来阐述。其次是选取同时代的代表性建筑师，将一系列作品进行纵向对比研究来体现他们建筑环境理念与手法的差异性。本书第 2 章，就是将勒·柯布西耶与密斯·凡·德·罗进行对比，揭示相近的建筑风格之背后的环境视野具有显著的区别。再次是以建筑师个体作为研究对象，综述并剖析其环境设计理念之发展，例如第 4 章、第 5 章和第 6 章分别探讨了建筑师路易斯·康、卡洛·斯卡帕和西格德·莱韦伦茨的建筑。最后，是采用个案研究的方法。也就是在第 10 章中，作者对彼得·卒姆托设计的瓦尔斯温泉浴场进行了全面的环境剖析。

在这篇后记里，我首先要感谢戴维·波特先生。正是戴维·波特先生的赠书，让我对建筑环境设计产生了浓厚的兴趣；而且戴维先生还曾帮我联系迪恩·霍克斯教授，转达了我想要翻译图书的想法。其次，我要感谢迪恩·霍克斯教授。尽管我们未曾谋面，但迪恩·霍克斯教授在第一时间向原书的责任编辑咨询中文版的相关事宜。只是因为个人无法与英方出版社签署版权协议，事情由此搁浅。我还要感谢中央美院建筑学院的傅祎教授和程启明教授。多年来，由于他们的信任和支持，让我能够在"世界现代建筑历史"课程教学当中不断地耕耘。尤其要感谢傅祎老师，她热情地帮我联系了北京大学出版社，最终解决了图书出版的难题。否则它也仅仅是一本压在书堆中的草译稿。同时，我要感谢建筑学院 2013 级参与课程选题的同学们。他们刻苦认真，勇于钻研。这些同学分别是（名字不分先后）：左丹、石泽元、许扬、胡冰璇、王予辰、房潇、李子恒、王佳怡、杨兰亭、骆欣明、刘乾钰、吴雅哲、李策、任子墨、贺紫瑶、李春蓉。最后，我真诚地感谢北京大学出版社的策划编辑谭燕女士和责任编辑赵阳先生，感谢在时间上对我们的宽容以及对于出版一本有品质图书的坚守。

从硕士学位论文开始，我一直在世界现代建筑谱系领域中求索。期间，也曾大量查阅、翻译英语文献。然而，完整地翻译一本图书，这还是第一次。我们在翻译过程中字斟句酌、精益求精，希望它能够得到读者们的认可。话写到这里，我的心情倍感轻松。因为接下来，又可以迈开新的脚步……

是为记。

刘文豹

2018 年 5 月 16 日于北京花家地南街 8 号